KB074989

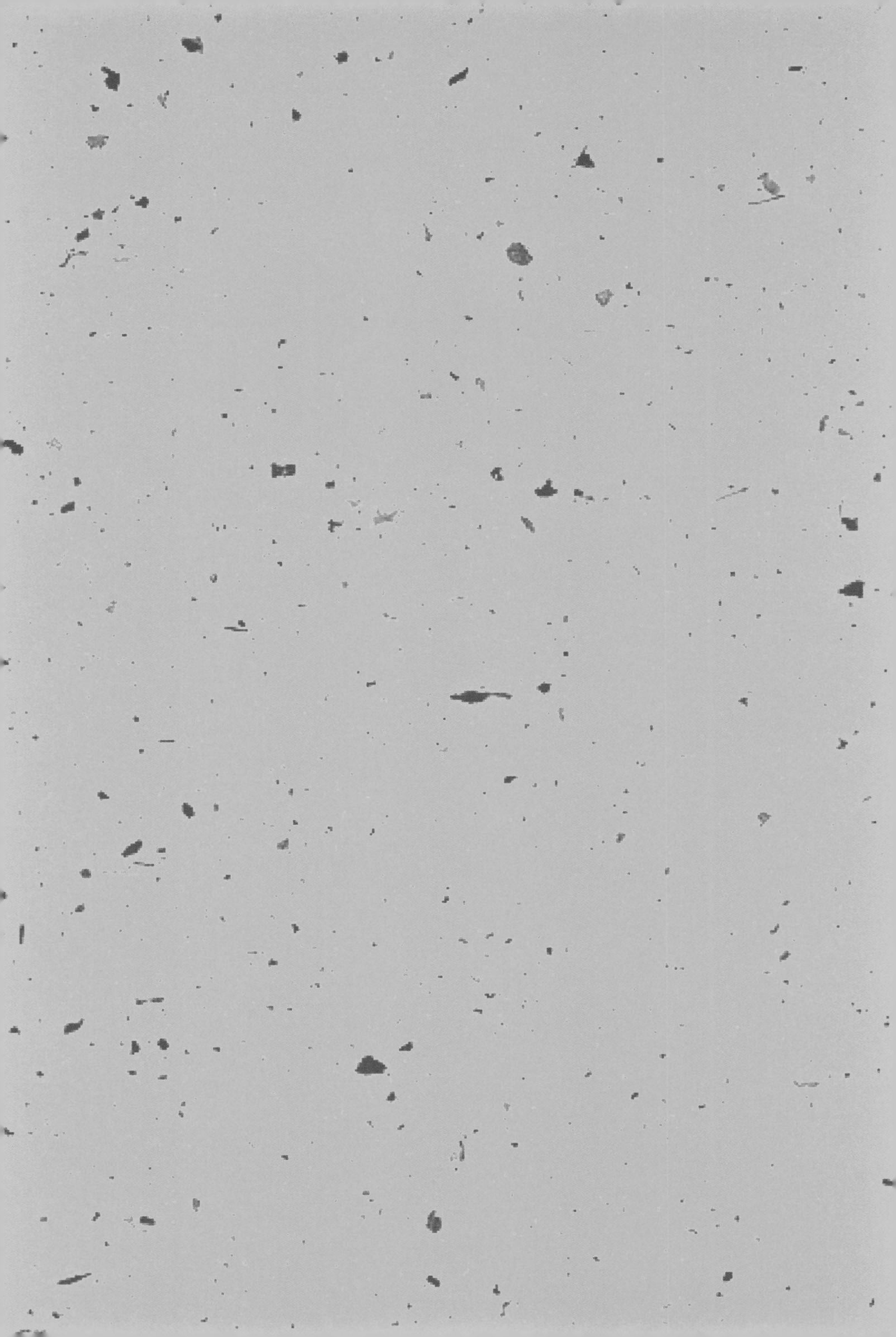

서촌 西村

겸재와 함께하는
지리 이야기

서촌

겸재와 함께하는
지리 이야기

나평순 지음

LiSa

머리말

북촌과 서촌에서 살아가는 지리 교사의 일상

2002년 11월에 '북촌北村'이란 마을에 처음 들어가 봤다. 여기가 서울인가, 어느 시골 동네인가 하는 의문이 드는 신기한 마을이었다. 내가 어릴 적 살았던 시골 마을과 이름이 같아서인지, 서울살이가 낯설어 힘겨워하던 때에 북촌은 고향과도 같은 의미도 다가왔다. 그때 내가 한순간의 망설임도 없이 북촌을 나의 새로운 거주지로 선택한 것은 우연과 필연 사이 그 어디쯤이지 않았을까.

서울에서 한강 북쪽 지역은 역사적으로 볼 때 유서 깊은 장소가 많다. 그중에서도 현재 북촌과 서촌西村으로 불리는 곳은 더욱 그러하다. 북촌과 서촌 지역은 경복궁과 창덕궁과 인접한 장소이기 때문에 조선왕조 500여 년 동안 정치와 문화 경제의 중심지였다.

권력의 중심성은 한번 형성되기도 어렵지만 형성된 이후에는 그 중심성을 지속하려는 경향이 강하기 때문에 현재도 북촌은 서울에서 중심성이 매우 큰 지역에 속한다. 물론 강남 개발 이후 경제의 중심지가 한강 이남인 강남구와 서초구 일대로 대거 이전해가기는 했으나 오랜 역사 속에서 자리 잡은 정치·문화적 중심성은 북촌과 서촌 지역에 여전히 잔존하고 있다.

북촌에 산 지 어언 20년이 지났다. 그동안 북촌은 나에게 많은 볼거리를 주었다. 동네를 돌아다니는 것 자체가 역사 탐방이었고, 작은 골목길을 순회하는 것이 곧 지역조사였다. 내 삶의 일부가 된 북촌이 박사논문의 주제가 된 것은 자연스러웠다.

첫 근무지였던 청운중학교 지리 교사로 근무하면서 북촌은 물론 서촌과도 친해졌고, 최근에 경복고등학교로 발령받으면서 애정이 더욱 깊어졌다. 출퇴근을 위해 오가는 길에 자연스럽게 서촌 지역의 역사적 장소도 탐구 지역으로 확대됐다.

학생들과 함께 서촌의 특성을 더욱 깊이 들여다보는 '영재 교실'과 '동아리 활동' 교사로도 활동했다. 학생들에게 자신들이 학창 시절을 보낸 장소에 관심을 두게 하는 계기를 심어주고, 학교 주변의 역사적인 장소에 대한 탐구 의지를 키우게 도와주는 역할을 하고 싶었다.

북촌과 서촌은 서울 사람들이 멀리 가지 않아도 손쉽게 문화생활을 할 수 있는 곳이다. 특히 정독도서관의 넓은 정원과 많은 도서는 아이들을 키우는 엄마로서는 더할 나위 없이 문화적 사치를 부릴 수 있는 곳이었다.

내가 겸재謙齋 정선(鄭敾, 1676~1759)의 그림에 관심이 생긴 계기 역시 정독도서관에 있는 '仁王霽色圖(인왕제색도)' 표지석이었다. 왜 이곳에 정선을 기념하는 표지석이 있는지 의문이 생기면서 관심이 조금씩 커졌다.

정선은 조선 영·정조 시기 진경산수화眞景山水畵의 대가다. 영·정조 시대는 조선의 문화부흥기로 실학사상과 조선의 정체성에 대한 자의식이 팽배해있던 시기였다. 그림 사조에서도 중국 화풍을 따라 그리던 시절에서 벗어나기 시작했다. 정선은 조선의 산천을 자신이 보고 느낀 것을 그대로 그림으로 옮기려고 하였다. 정선은 오늘날 드론으로 사진을 찍는 것처럼 위에서 내려다본 금강산의 만폭동을 그리기도 하고, 한강의 유려한 흐름과 주변 산세들을 날아가는 새가 보는 것처럼 그렸다. 조선의 산천을 중국인의 눈이 아니라 조선인의 눈으로, 있는 그대로 담고자 했다.

인왕산 자락에서 태어나고 살았던 정선은 인왕산 주변을 유독 많이 그렸다. 아마 정선이 가장 많이 본 지역이고 평소 친하게 지냈던 친구들과의 추억이 많은 곳이기 때문일 것이다. 특별한 모임이 있던 날, 옛 친구들과의 추억을 되새기면서 그날을 기억하기 위해서 종이와 비단에 그 화려한 필력을 풀어내려고 했다.

정선과 같이 북촌과 서촌이 나의 주요한 삶의 장소가 된 이후에는 정선의 시선으로 바라보고 찾아다니려고 했다. 지리 교사로서 학생들에게 교과서 내용 전달에 그치지 않고, 자신의 터전에 대한 인식과 과거와 현재를 동시에 공감할 수 있는 심미안을 심어주고자 노력했다. 그 과정에서 새로운 시대에 살아갈 장소에 대한 올바른 가치관을 형성하여 자연과 더불어 사는, 건강한 사회인으로 성장하기를 기대했다.

예전 그들의 삶도, 현재 우리의 삶도 그 그림을 통해서 보면 모두 같은 이야기를 하고 있지 않을까. 그림 속의 장소들은 세월의 변화를 느끼기에 충분하다. 우리들의 삶을 이야기하는 것을 옛 그림에 한 층을 덧칠하는 과정으로 여겨도 좋을 것 같다.

이 책에는 시대별 변화의 역사적 고찰과 함께 현재의 시선으로 과거를 보는 관찰의 중요성을 알리는 마음을 담고자 한다. 학생들과 함께 경험했던 기억들이 하루가 다르게 내 기억 속에서 사라지기 전에 이 내용을 정리할 수 있어서 다행이다.

2023년 더운 여름,
나의 큰 서재 정독도서관에서

차례

1936년 서촌 일대, 「경성부대관」 서울역사박물관.
1장부터 13장까지 해당되는 지역을 붉은 점으로 표시했다.

1.
경복이
가을을 타다

느티나무

그림 1. 수령 600년이 넘은 경복고 교내 느티나무, 2021
그림 2. 느티나무에서 본 경복고 본관, 2021

가을이 하루하루 무르익어가던 2021년 11월의 어느 날. 그날도 나는 이른 아침에 집을 나서서 학교로 걸어갔다. 차를 이용하지 않고 매일 걸어서 출퇴근하는 게 건강을 위한 지름길이라고 여기고 열심히 걷는 것으로 운동을 대신하는 삶을 실천하고 있다.

그날은 월요일이었고, 다른 날보다 몇 분 일찍 등교했던 것 같다. 가을 색으로 물든 교정과 본관 건물 뒤로 보이는 북악산을 바라보며 교정 안으로 들어서고 있었다.

나는 갑자기 "우와"하는 탄성을 내지르면서 자연스럽게 핸드폰을 꺼내 사진을 찍을 수밖에 없었다. 경복에서 가장 오래된 나무인 느티나무가 낙엽을 하나둘씩 떨궈 주말 동안 아무도 지나가지 않은 길을 소복하게 덮어 놓은 것이다. 낙엽이 쌓여있는 넓이가 바로 느티나무가 땅속에서 뿌리를 뻗은 폭이라는 사실을 눈으로 확인할 수 있었다.

경복고등학교가 교직원과 학생들에게 주는 가장 큰 선물은 웬만한 대학 캠퍼스 못지않은 드넓은 교정과 다양한 종류의 나무들, 그리고 북악산과 인왕산을 품은 자연경관일 것이다. 그날은 바로 경복고의 아름다운 자연경관을 제대로 느낀 날이었다.

600년을 넘게 살았다는 느티나무는 3월에는 연두색의 작은 잎새를 수줍게 보여주며 새 학기를 시작하는 학생과 교사들에게 활기를 부어준다. 한여름에는 짙푸른 잎이 무성해져 더위를 식혀줄 그늘을 제공한다. 9월이 다가오면 나뭇잎들이 점점 옅은 노란빛을 띠면서 가을의 문턱에 왔음을 알려주다가, 어느새 붉은색에 가까운 갈색 낙엽을 온통 바닥에 내려놓으며 가을의 절정을 만끽하게 해준다. 이 느티나무는 경복의 계절감을 시시각각으로 알려주는 신호등의 역할을 한다.

3만 평이 넘는 경복고의 정원은 다양한 나무들로 쾌적한 환경을 조성하고 있다. 그래서 처음 경복고를 방문하는 이들은 숲속에 들어온 것 같은 착각에 빠져서 학교 건물을 한눈에 찾기가 어렵다.

교문을 들어서자마자 왼쪽에는 키가 4층 건물보다 크고, 두 명이 양팔을 벌려야만 안을 수 있을 정도의 은행나무가 있다. 그리고 그 전면에 북악산이 굽어보는 넓은 운동장에는 피 끓는 학생들이 뛰어다닌다. 오른쪽으로 고개를 돌리면 오르막길 옆에 야외 학습 공간인 '꾀꼬리 동산'이 있다. 날씨가 쾌청한 봄과 가을철에는 시 짓기와 그림 그리기 등 학생들의 밝은 울림이 있는 곳이다.

좀 더 올라가면 바로 '그' 느티나무가 우람한 자태를 뽐내고 있다. 그 앞에는 '보호수' 팻말이 서 있다. 1981년에 보호수로 지정됐는데 당시 수령이 565년이었다. 그렇다면 그로부터 42년이 지난 2023년 현재 수령은 607년이라는 얘기다. 높이가 16.5m고, 둘레는 380cm란다.

느티나무를 지나면 오른쪽으로 본관 건물이 나오고, 그 앞에는 조경이 잘 되어있는 넓은 공터가 있다. 학생들이 쉬는 시간이나 점심시간에 삼삼오오 어울려 놀기 좋아하는 장소 중 하나다.

그 가운데 커다란 검은 바위가 하나 눈에 띈다. 세로로 '畫聖 謙齋 鄭敾(서성 겸재 정선)의 집터'라는 글귀가 새겨져 있다. 상단 '謙齋 自畵像(겸재 자화상)' 아래에 그림 하나가 부조로 조각되어있다. 하단에는 그림 제목인 '讀書 餘暇(독서 여가)'가 있다.

이곳이 바로 조선 시대 유명한 화가인 겸재 정선의 집터였다는 사실을 알려주는 표지석이다. 정선의 자화상을 조각해놓은 센스도 돋보인다.

갑자기 의문이 생긴다. 600년이 넘었다는 느티나무는 그 오랜 세월 동안 왜 죽지 않고, 인간들에게 잘려 나가지도 않았을까. 우리에게 무언가를 알려주기 위해 있었던 것일까.

이런 물음을 가지고 오래된 자료와 사료들을 통해서 느

그림 3. 경복고가 정선의 집터였음을 알리는 표지석. 2023
경복 33회 졸업생들이 2008년 졸업 50주년 기념으로 기증했다.

티나무와 관련된 옛이야기를 찾아가는 여행을 시작해 보고자 한다.

근대적 교육기관으로 첫 번째로 만들어진 학교는 1900년에 개교한 '한성중학교'다. 이후 '제1 고등보통학교(제1 고보)'가 됐고, 현재의 경기고등학교다. 당시 지역별로 첫 번째 만들어지는 학교에는 '제일고등학교'라는 이름을 붙였다. 지금도 각 지역에 제일고등학교라는 이름이 여럿 존재하는데 그 지역에서 처음 만들어진 까닭이다.

1919년 3.1운동 이후 일본인과 동등하게 근대교육을 받기를 원하는 조선 민중의 거센 요구가 일어났다. 1921년 드디어 '제2 고등보통학교'가 설립됐고, 이것이 현재 경복고다. 1938년 조선총독부 고시 제300호에 의해 '경복공립중학교'로 바뀌게 되는데 당시 일본인 교장인 高力得雄(고리키 도쿠오)가 경복궁景福宮의 위치와 역사를 고려하여 '景福'이라는 이름을 넣었다고 한다.

그림 4와 그림 5는 1921년 개교 당시를 보여주는 자료다. 건립 당시 경복고 건물이 'ㄷ'자였음을 알 수 있다. 옛 종묘장 자리인 북악산 솔밭에다 먼저 기숙사를 신축했다. 교실보다 기숙사를 먼저 건축한 것은 지방의 학부모들을 안심

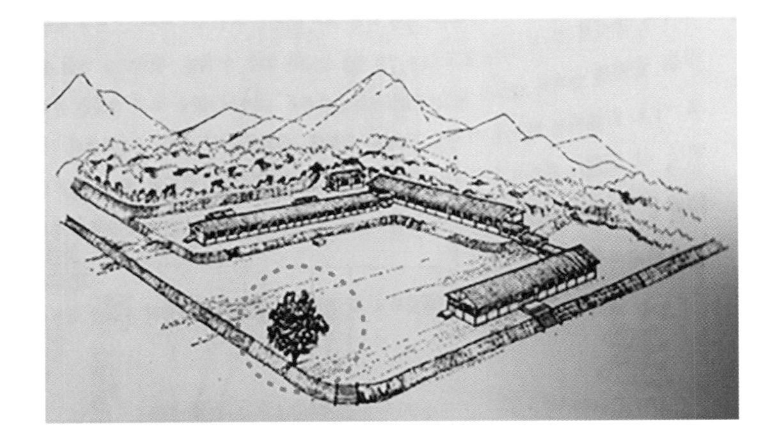

그림 4. 1921년 건축 중인 제2고보 관련 기사, 동아일보, 1921년 6월 21일
그림 5. 1922년 4월 경복고 전경, 『경복 55년사』 경복동창회, 1975

시키기 위한 것으로 보인다. 따라서 선진적으로 기숙사와 교실을 갖춘 제2 고보는 제1 고보에 못지않게 훌륭한 인재들이 선호하는 학교가 되었다고 옛 졸업생들의 자부심이 매우 크다.

그림 5는 당시의 학교 전경을 추정해 볼 수 있는 조감도다. 조감도에서 건물 사이의 마당이 지금의 본관 앞 정원이다. 현재 경복고의 본관은 1985년 신축된 건물이지만 건물 배치는 1921년 당시와 크게 다르지 않다.

따라서 붉은 점선 안의 나무가 바로 그 느티나무임을 알 수 있다. 현재 경복고에는 수령 300년 은행나무 등 오래된 나무들이 많이 있다. 그러나 조감도에 느티나무만 그린 것은 초기 경복고의 교정이 지금보다는 다소 작았기 때문일 것이다. 이후 학교의 규모가 커지면서 현재의 도서관과 운동장까지 교정의 범위가 넓어진 것으로 보인다.

조감도에 그릴 정도로 경복고를 대표하는 느티나무는 1921년 개교 때부터 지금까지 100년이 넘는 동안 그 자리를 지켜왔다. 느티나무는 그동안 경복을 거쳐 간 수많은 학생과 교직원들의 희로애락을 옆에서 지켜봤을 것이다.

제1회 졸업생 윤정석 씨의 기억에도 느티나무는 학창 시절 매우 소중한 추억을 담고 있었다.

'1호관으로 올라가는 길옆에 무성하게 자라 옛이야기를 하고있는 수령 550년 되는 느티나무가 참 그리워진다. 재학 시절 그 느티나무에 장난삼아 올라가 있는데 그때 마침 학교를 순시하던 岩村(당시 교감) 선생에게 들켜 하루종일 기합을 받던 일이 바로 어제 같다. 아마 경복인은 누구나 이 느티나무를 좋아할 것이다.'*

느티나무는 과거의 선배들이 그랬던 것처럼 지금의 학생들이 공부하고 떠들고 즐거워하는 이야기들도 차곡차곡 나이테로 만들어 가고 있다.

과연 이 나무는 얼마나 많은 이야기를 품고 있는지 앞으로 더 깊은 역사 여행을 떠나 보자.

* 경복동창회, 경복 70년사. 1991, 170쪽

2.
나무 아래서
우정을 나누다

괴단 야화도槐壇夜話圖

그림 1. 정선, 「괴단야화도」 1752, 32 × 51cm, 개인소장

예전 마을 어귀에는 마을을 지키던 당산나무가 하나씩은 있었다. 나그네는 그곳을 지나야만 마을로 들어갈 수 있었고, 나무 그늘에서 쉬고 있던 어른들은 나그네의 나이, 고향, 이 마을에 온 목적 등을 자연스럽게 알아낼 수 있었다.

그래서 당산나무는 마을의 상징이자, 낯선 사람을 검문하는 장소이자, 마을의 대소사를 결정짓는 의사결정의 장소이기도 했다.

정선의 그림 중에 나무를 소재로 한 「괴단 야화도槐壇夜話圖」라는 그림이 있다. 제법 규모가 큰 기와집 담장 안쪽의 큰 나무 아래 세 명의 선비가 앉아 이야기를 나누는 그림이다. 어린 시종이 옆에 서 있고, 아래에는 선비들이 나누는 이야기가 무엇인지 궁금해하는 학도 그려져 있다.

제목에서 유추해볼 수 있는 사실은 괴槐 나무 아래 선비들이 흙과 돌로 높게 쌓은 단壇 위에 앉아있고, 시점은 밤이라는 것이다.

세 주인공은 정선과 이병연(李秉淵, 1671~1751), 박창언(朴昌彦, 1677~1731)으로 알려져 있다. 이병연은 정선의 오랜 벗이고, 박창언은 정선의 외사촌 형제다.

이 그림은 정선이 먼저 죽은 벗들을 추억하면서 그린 것이다. 정선은 그림에 '憶一源公美 槐檀夜話 壬申二月(추억하노라, 이병연(一源), 박창언(公美)과 함께 홰나무 아래 단에서 깊은 밤 이야기 나누던 일을. 1752년 2월)'이라는 문구를 써놓았기 때문에 마치 드라마의 장면처럼 우리에게 모든 상황을 설명해주고 있다. 더 나아가 그림 속에 숨겨져 있는 더 많은 이야기까지 상상하게 해준다.

정선이 살았던 서촌은 인왕산과 북악산의 깊은 계곡이 있는 곳으로 지금도 종종 멧돼지가 나타나곤 한다. 따라서 그림 속의 학은 산에서 날아온 실제 학을 그렸다고 볼 수도 있다. 하지만, 자연을 읊으면서 유유자적한 삶을 살았던 친구들을 표현하는 은유적 등장으로 봐도 될 것 같다.

나무 뒤에는 기와를 얹은 담장이 있고, 앞에 기와집이 있는 것으로 보아 누구의 집인 것 같다. 두 사람은 갓을 쓰고 있고, 한 사람은 정자관程子冠을 쓰고 있다. 정자관은 양반들이 집에서 쓰는 의관이기 때문에 정자관을 쓴 사람이 이 집의 주인이고, 갓을 쓴 두 사람은 손님이다.

미술사학자 최열은 『옛 그림으로 본 서울』에서 이 집을 정선의 외할아버지 박자진(朴自振, 1625~94)의 집으로 보고 있다. 박자진의 친손자인 박창언이 이 집 별당에서 정선, 이병연과 더불어 강론했다는 기록이 있기 때문이다. 1694

그림 2. 1922년 4월 경복고 전경, 『경복 55년사』 경복동창회, 1975

년 박자진이 사망한 뒤 이 집을 후손들이 물려받아 살았다는 사실에 비추어보면 정자관의 주인공도 박창언일 가능성이 크다고 보았다.

그러나 필자는 이 집을 정선의 집이라고 상상해본다. 상상은 자유롭게 할 수 있겠고, 여기에 다양한 필자의 주장을 곁들여 보고자 한다.

우선 괴목槐木은 콩과에 속한 낙엽 활엽 교목인 홰나무(회화나무)를 뜻하지만, 느릅나뭇과의 느티나무*도 한자어로는 괴목이다.

경복고의 위치는 최완수 미술평론가가 예전에 주장한 바와 같이 정선의 집터였음은 이미 잘 알려진 사실이다. 큰 부자였던 박자진은 길 건너 현재 청운초등학교 옆 청운동 50번지 일대에 살면서 홀로 된 딸(정선의 어머니)의 가족을 보살펴주고 있었다. 13세 때 아버지를 여읜 정선은 바로 백운동천 건너에 살면서 외할아버지의 도움으로 학문과 그림 세계를 펼쳐나갔다고 한다.

박자진의 집에 측백나무가 있었다는 기록은 있으나 홰나

* 속씨식물문 쌍떡잎식물강 쐐기풀목 느릅나뭇과에 속하는 낙엽활엽수다. 분류에서 보듯이 느릅나무와 친척 간. 한자어로는 홰나무(회화나무)와 마찬가지로 괴목(槐木)이라고 한다.

무의 존재는 모르겠고, 정선의 집에 느티나무가 있었던 것은 확실하다. 따라서 그림에 있는 괴목이 현 경복고에 있는 600년 수령의 느티나무가 아닐까 상상해본다.

마을의 당산나무들은 개발 과정에서도 쉽게 없어지지 않고 그 자리에 남아 있는 경우가 많다. 경복고 교정에 있는 느티나무 역시 근대 공립학교라는 새로운 터전을 마련할 때도 훼손되지 않고 남았다. 현대의 개발 시대에도 함부로 당산나무들을 훼손하지 않았는데 과거 선비들과 함께 살아온 나무의 의미와 상징은 남다를 수밖에 없을 것이다.

그런 자연에 대한 선비들의 의식이 「괴단 야화도」에 그대로 스며 있는 것이다. 정선은 나무가 항상 그 자리에 있는 것처럼 그들의 우정도 변함없기를 바라면서 이 그림을 그렸을 것이다.

이런 즐거운 상상을 통해서 「괴단 야화도」 속의 괴목은 경복고의 느티나무고, 정자관을 쓰고 있는 주인공이 정선이라고 이야기하고 싶은 것이다.

이 느티나무 아래에서 옛 선비들이 우정을 나눴던 것처럼 경복고 학생들도 이곳에서 친구들과 소중한 추억을 쌓고 미래를 꿈꾸는 터전으로 삼기를 바라는 마음이다.

3.

효자는 살고 사랑은 죽었구나

운강대雲江臺, 효자비孝子碑와 애첩 옥봉玉峰

그림 1. 경복고 교정에 있는 운강대 표지석, 2023
그림 2. 효자유지비는 운강대 표지석 옆에 나란히 있다, 2023

경복고 정문에 들어서서 건물 뒤의 웅장한 북악산을 보면 누구나 감탄하게 된다. 예쁜 살구꽃과 벚꽃이 흩날리는 봄날에도, 붉게 물들어 가는 단풍잎과 노란 은행잎이 떨어지는 가을날에도 경복고 교정은 매우 아름답다.

그 교정에서 살짝 숨어있는 돌덩이를 찾아보면 더욱 좋을 것이다. 자동차를 타고 쓱 지나치면 결코 볼 수 없다. 오르막길을 천천히 걷다 보면 나무들 사이에 수줍으면서도 단아한 모습으로 앉아있는 '운강대雲江臺' 표지석이 보인다. 그리고 그 옆에 효자동孝子洞의 유래가 적혀 있는 검은 비석을 같이 볼 수 있다.

운강대는 조선 선조 때 승지(承旨, 정3품)를 지낸 운강雲江 조원(趙瑗, 1544~95)이 살았던 곳이다. 조원은 20세에 진사進士가 됐고, 28세에 별시문과에 병과丙科로 급제한 인재였다.

이때는 이미 사림의 분열이 시작되던 시기였다. 한양을 크게 두 지역으로 나누어 동인(영남학파)의 수장은 이황과 조식이었고, 서인(기호학파)은 이이와 성혼, 정철, 송익필 등이 정치적 견해를 달리하면서 파벌을 형성했다.

조원은 32세 때인 1576년 이조좌랑이 되면서 권력의 중심으로 옮겨갔으나 당파의 소용돌이 속에 지방으로 좌천되기도 했다.

삼척부사 시절인 1592년 임진왜란을 맞은 조원은 선조를 따라 의주義州에 있는 행재소(行在所: 임시 관청)로 갔으나 아들 희정과 희철은 어머니를 모시고 북쪽으로 피난 갔다. 두 아들은 그곳에서 어머니를 해치려는 왜군과 싸우다 죽었다.

선조는 두 아들의 효행을 기리기 위해 쌍효자문을 하사했고, 권력의 중심에서 멀어져 있던 조원에게는 승지를 하사했다.

'운강대'는 조원이 일가를 이루어 살던 곳이기에 그의 호를 따라서 이름을 지었다. 운강대 표지석과 나란히 있는 '효자유지비孝子遺址碑'는 두 아들의 효성을 기리기 위해 선조가 내렸다는 쌍효자문을 기념하기 위한 것이다. 이 동네 이름인 '효자동'의 기원이기도 하다.

운강대 표지석이 경복고 교정 한쪽에 있는 이유는 효자동 일대가 개발될 때 사라질 위기에 있던 표지석을 당시 경복고 교장이 옮겨온 것으로 알려져 있다.

운강대에는 또 다른 인물의 이야기가 숨겨져 있다. 조원의 첩 이옥봉李玉峰이다. 선조 때 옥천 군수를 지냈던 이봉의 서녀로 태어난 이옥봉은 어려서부터 시 짓기에 남다른 재능을 보였다. 스스로 이름을 옥봉이라 지을 만큼 자의식도 뚜렷하고 반듯한 여성이었던 것 같다.

조선 시대에는 성리학적 질서와 유교적 생활양식이 매우 강했던 것으로 알고 있으나 16세기까지, 즉 임진왜란 이전만 해도 비교적 유연했다. 16세기는 이옥봉은 물론 정철의 첩 유씨, 서익의 첩 등 서녀 출신 여성들이 문화계에서 활약하던 시대였다. 또한 신사임당과 허난설헌 등이 자유롭게 시문을 남기고 읊으면서 이들의 뛰어난 글이 양반 사대부의 문학과 같이 자리를 했던 시절이기도 했다.

아마도 이 시기가 바로 『관동별곡關東別曲』의 정철, 『성학집요聖學輯要』의 이이, 이황, 정여립 등 사대부 양반 문학가들의 부흥기였기 때문일 것이다.

허균許筠은 『성수시화惺叟詩話』에서 이옥봉의 시에 대해 이렇게 말하고 있다.

'나의 누님인 난설헌과 같은 시기에 이옥봉이란 사람이 있었다. 그는 조원의 첩이었다. 그의 시는 맑고 웅장하였는데, 지분으로 화장하는 아녀자의 연약한 태가 없었다.'

이옥봉의 시에 대해 당대 최고 문인이었던 허균이 '화장기가 없고 연약하지 않고 맑고 웅장하다'라고 평하고 있다. 남녀 차별과 신분 차별 등 당시 사회적 차별을 걷어내고, 이옥봉의 글을 있는 그대로 평가하는 허균의 심미안이 경이롭다.

그러나 임진왜란 이후 남성 위주의 강압적인 성리학적 유교 질서가 강화되면서 문학 재능이 있는 여성, 그리고 자의식이 강한 첩의 자식인 이옥봉의 재능은 오히려 불행의 씨앗이 됐다. 옥봉의 천재성은 중국과 일본에서까지 인정받았지만, 조선에서는 크게 드러나지 않았다.

인조 8년(1630년) 조원의 셋째 아들 조희일은 진하사(進賀使, 조선 시대 중국에 임시로 파견되던 비정규 사절)로 명나라에 갔다가 명의 원로대신이 갖고 있던 서모庶母 이옥봉의 시집을 접하게 된다. 이옥봉의 시가 어떻게 명나라 원로대신의 집에 들어가게 됐는지 그 과정을 장정희가 쓴 『옥봉』이라는 소설에서는 가슴 아프게 전달하고 있으나 이는 소설일 뿐이고 근거는 명확하지 않다. 하지만, 이옥봉의 시가 조선보다 중국에서 더 크게 이름을 얻었으며 중국 관료들이 이옥봉의 시를 필사해서 가지고 있었던 것은 명확한 사실이다.

옥봉은 조원에게 버림받았는데 그 계기가 된 것이 '위인

송원爲人訟寃'이라는 시다.

세숫대야로 거울을 삼고
물 발라 머리 빗으며 기름인양 하네
내가 직녀가 아닌데
그대가 어찌 견우가 되리

세숫대야로 거울을 삼고 물을 기름 삼아 머리에 바르는 여인은 가난해도 반듯하게 사는 사람이다. 견우牽牛는 소도둑이란 의미와 '그리운 낭군'이라는 뜻을 겹쳐 담은 것이다.

기축옥사(己丑獄事, 기축년인 1589년 정여립이 반란을 꾀한다는 고변에서 시작돼 1591년까지 수많은 동인이 희생된 사건) 이후 몸조심하던 조원은 가난한 농부의 송사를 위해 써준 옥봉의 시가 자신에게 해가 될까 두려워했다.

조원의 고손자 조정만은 『이옥봉행적李玉峰行蹟』에 이 내용을 기록으로 남겼다. 조원이 이옥봉을 내치게 된 원인이 위의 시와 관련된 송사 처리 문제라고 적고 있다.

옥봉의 시 중에서 가장 매력적이고 많이 알려진 작품은 '운강에게 드림'이라는 시다. 시의 구절을 따서 '몽혼夢魂' 또는 '나의 이야기自述'라고도 부른다.

요즘 안부 묻노니 어떠하신가요
달빛이 창에 어리니 많이 사무치네요
꿈속 그리움이 가는 길이 자취를 남긴다면
문 앞의 돌길이 반쯤은 모래가 되었을걸요

조원에게 버림받고 친정으로 쫓겨났으나 사랑하는 사람을 잊지 못하고 그리워하는 내용이다. 그리운 임을 꿈속에서 만나러 가는 길이 문 앞의 돌길이 모래가 될 정도로 자주 드나들었다는, 한 맺힌 이야기를 담고 있다.

조선 시대 뛰어난 재능이 있었으나 여인이라는 이유와 첩의 자식, 그리고 그 자신도 첩이라는 이유로 능력을 제대로 인정받지 못했던 한 여인의 피맺힌 절규를 그의 작품 속에서 찾아보는 계기가 되기를 바란다.

경복고는 모든 이들에게 균등한 교육의 기회를 주는 근대교육의 산실이다. 그 교정에 자신의 꿈을 실현하지 못한 옥봉의 이야기가 담겨있는 운강대 표지석이 있다는 사실은 상징성이 크다.

언젠가 옥봉의 시문이 운강대 표지석 옆에 효자비와 같은 무게로 함께 할 수 있는 시절이 오기를 희망한다.

4.
할아버지가 사랑한 손자

풍계유택楓溪遺宅

그림 1. 정선, 「풍계유택」 1746, 보물 585호, 개인소장

보통 아버지와 아들의 관계는 딱딱하고 서먹하다. 특히 오늘날 밖에서 일만 하고 경제적 책임만 강하게 지워진 아버지라면, 그리고 사춘기를 심하게 겪고 있는 아들이라면 더욱 그러하다.

그러나 어느 시대건 할아버지와 손자는 한 세대를 건넌 관계 때문인지 애틋함과 정서적 교감이 많이 오갈 수 있는 관계다. 더구나 외할아버지와 외손자는 더욱 교감이 많다고 볼 수 있다.

겸재 정선도 그러했다. 나이 13세에 아버지 정시익(鄭時翊, 1638~89)이 일찍 사망하면서 생계를 담당했던 어머니는 백운동천 건너에 살던 친정아버지 박자진에 의존할 수밖에 없었을 것이다. 다행히 친정집이 윤택했기에 정선은 외할아버지의 도움을 많이 받으며 자랐다.

정선은 70세 때인 영조 22년(1746) 「풍계유택楓溪遺宅」이라는 작품을 그렸다. 평소 제집처럼 드나들었던 외할아버지 집을 그린 것으로 '청풍계淸楓溪에 남아 있는 외가'란 의미다. 당시 명문가들을 위해 많은 화첩을 그렸던 정선은 인생의 끝자락에 외할아버지에 대한 추억을 떠올리며 이 그림을 남겼다. 아니면 자신의 예술혼을 이끌어주었던 그분에게 감사함을 표현하기 위함이었는지도 모른다. 그런 사람만이 알겠지만 둘 다 의미가 있을 것이다.

정선은 사실적 그림을 그리면서도 주변 경관을 적당히 생략함으로써 그림의 주인공을 강조했다. 「풍계유택」에서도 청풍계 초입에 있던 외할아버지의 저택은 매우 상세하게 그리면서도 정작 김상용(金尙容, 1561~1637) 일가의 청풍계 전체와 바로 뒤의 인왕산 자락은 생략하고 소나무 군락으로 대체했다. 이 그림의 주인공이 외할아버지의 집임을 강조한 것이다. 인조 시절 예조·이조 판서를 지낸 김상용은 호가 '풍계楓溪'로 그 일가가 청풍계 일대에서 살았다.

「풍계유택」은 당시 조선 양반가 가옥 구조를 파악하기에도 매우 좋은 그림이다. 정선은 본채와 후원을 집중해서 그렸고, 행랑채와 솟을대문은 생략했으나 그 규모를 짐작할 수는 있다. 자세히 들여다보면 2층 누각 형태의 안채 정당은 격자 집이다. 살림집은 겹집으로 구성되어 있으면서 별도의 공간처럼 뒷마당을 갖고 있다. 후원에는 대궐 전각 규모의 팔작지붕을 한 별채가 위용을 드러내면서 앉아있고, 그 옆에 작게 사당채가 따로 지어져 있는 것으로 보아 상당히 큰 저택이다. 겹겹이 둘러친 담 안 곳곳에는 오동나무, 잣나무, 버드나무, 단풍나무로 보이는 고목들이 건물들과 조화를 이루고 있다.

그런데 어떻게 박자진이 김상용 일가가 살던 청풍계 입구에 저택을 짓고 살 수 있었을까.

박자진은 광해군 때 영의정을 지냈던 박승종(朴承宗, 1562~1623)의 조카이며, 광해군 세자빈의 친정아버지인 병조참판 박자흥(朴自興, 1581~1623)과 사촌 간이다.

비록 인조반정 이후 박승종·자흥 부자가 함께 자결하면서 명문가의 위세가 약해지긴 했으나 박자진은 퇴계 이황李滉의 「주자서절요朱子書節要」 친필과 우암 송시열宋時烈의 친필 발문을 간직하고 살았을 정도로 성리학적 입지가 제법 컸다. 당시 세도가였던 김상용 일가와 이웃하여 저택을 짓고 살았다는 사실에서 박자진의 정치적 영향력도 작지 않았음을 알 수 있다.

외할아버지의 경제적 후원과 사회적 인맥들은 정선이 화가로서 인정받는 밑거름이 됐을 것이다. 당시는 정선의 그림을 소장하는 것이 인문학적 소양을 갖춘 자들의 문화생활로 여겨졌다. 정선의 많은 작품이 오늘날까지 남아 있는 이유는 정선이 유명했기 때문이기도 하지만, 당시 유력자들에게 소장 가치가 뛰어났기 때문이기도 하다.

지금은 풍계유택의 흔적을 찾을 수 없다. 1936년에 제작된 「경성부대관」에서 풍계유택의 위치와 규모를 짐작할 뿐이다. 현재 청운초등학교와 경복고 사이 청운동 50번지에 해당하는 곳에 넓은 정원을 가진 가옥(붉은 점선)이 보인다. 1917년 「경성부 관내 지적목록」에 따르면 청운동 50번지가 1,435평으로 되어있다. 풍계유택의 규모가 약 1,400평에 달했다는 것으로 추정할 수 있다.

서촌에서 맛집으로 유명한 음식점 '중국'과 청운초등학교 사잇길로 올라가다 보면 약간 경사진 언덕이 시작되는 곳을 청풍계 초입으로 본다. 지금은 복개도로로 변해 있어서 예전에 이곳에 맑은 물이 흘렀다는 사실을 믿기 힘들 정도다.

1920년대 이후 경복고, 경기상고, 청운초 등이 잇달아 세워지면서 이 일대가 근대교육의 중요한 산실이 됐다. 덩달아 주택지로 인기를 얻게 됐고, 일본기업 '三井會社(미쓰이)'가 이 일대를 사들였다. 미쓰이는 복개 공사를 하는 등 택지로 조성한 뒤 주택지로 분양했다.

일제 강점기에 근대중등교육의 중심지로 거듭나게 되는 북촌과 서촌에는 시골에서 교육의 열망을 갖고 올라오는 사람들을 수용해야 했다. 그래서 넓은 부지를 작게 잘라서

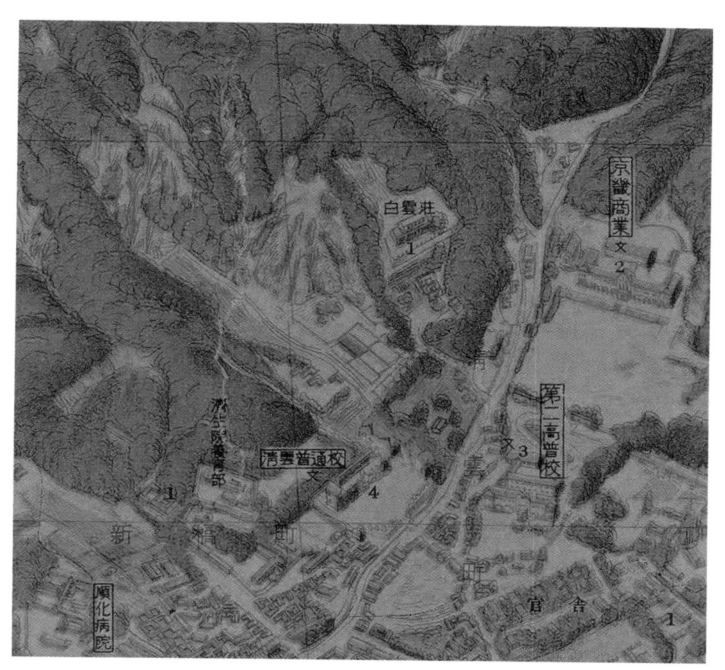

그림 2. 풍계유택 추정지, 「경성부대관」 1936, 서울역사박물관
그림 3. 청풍계 초입의 현 모습. 길 왼쪽이 청운초등학교, 오른쪽이 음식점 '중국'.
현재 길 이름은 자하문로 33길이다. 2023

그림 4. 청운동 50번지 일대, 다양한 형태의 가옥들, 2023

집을 지어 분양하는 사업이 흥행했다.

정세권은 '건양사'라는 회사를 차려서 부족한 주택문제를 해결한, 대표적인 부동산개발업자였다. 조선사람들에게 익숙한 한옥을 생활하기 편리한 근대적 한옥으로 개량해서 분양했다. 이것이 현재 북촌과 서촌에 남아있는 '도시형 한옥'의 기원이 된다.

그리고 1980년대 이후 다가구주책 건설 붐에 의해 도시형 한옥이 사라지고, 아파트가 들어서면서 서촌에는 다양한 형태의 주택들을 볼 수 있다. 각 시대를 대표하는 다양한 집들이 섞여 있는 이곳을 지나다 보면 마치 100여 년의 시간 여행을 하는 느낌이 든다.

아직 청풍계의 깊은 숲속으로 들어가기 전인데도 이 골목에 들어서는 순간 시끄러운 세상과 단절된 듯한 조용하고 고즈넉한 분위기를 느낀다.

비록 예전의 모습은 전혀 아니지만, 인왕산에서 시작된 산바람과 청풍계에서 불어오는 계곡 바람을 맞으면서 나귀타고 올라가던 그때의 풍경이 눈앞에서 펼쳐지는 듯하다.

5.
청계천이 시작되는 계곡

청풍계清楓溪

그림 1. 정선, 「청풍계」『장동팔경첩』, 국립중앙박물관

청풍계는 현재 종로구 청운동 54번지 일대로 서촌의 대표적인 고급주택지다. 또한 청풍계는 이곳의 작은 샘에서 발원한 물이 청계천清溪川으로 연결되어 청계천의 이름도 이곳에서 연유하고 있다.

청풍계는 고종 때 발간된 『동국여지비고東國輿地備考』에서 묘사했듯이 '그 골 안이 깊고 그윽하며 냇가와 바위가 아늑하고 아름다워 놀며 즐기기에 좋은 곳'이었다.

『한경지략漢京識略』에는 '김상용의 옛집 태고정과 사당 늠연당 등이 남아 있다'라고 적혀 있다. 늠연당은 김상용의 신위를 모신 사당이고, 태고정은 작은 초가 누각이다. 늠연당을 세우고 뒤에 큰 바위에 '백세청풍百世清風'이란 각자와 늠연당 앞 바위엔 송시열이 쓴 '대명일월大明日月'이 새겨졌는데 '명나라는 해와 달과 같이 영원하다'라는 뜻이었다. 이런 바위 각자는 개발과 함께 그 흔적들을 지워버리고 현재는 '백세청풍'만 남아 있다.

이렇게 물 좋고 산 좋던 청풍계 일대는 일제강점기에 일본 미쓰이물산에 소유권이 넘어가면서 주택지로 분양됐다. 미쓰이는 계곡을 메우고 암석을 부숴 택지를 만들었다. 이 과정에서 태고정 한 칸만 남겨 인부들의 숙소로 사용했으며 '백세청풍' 바위 각자만 겨우 남아서 옛 정취를 기억하게

그림 2. 정선, 「청풍운지각」, 동아대박물관
그림 3. '백세청풍'이 각자된 바위, 2021

할 뿐이라는 당시 신문 기사가 있다.

'백운동이 인왕산 기슭에 있는 명승중에…길 서쪽에 양노원 입구라고 쓴 푯말이 서 있고 그 앞 시내에는 청운교란 다리가 노였는데 그 다리를 건너서면 곧 유명한 청풍계로서…병자호란에 강화함성할 때 장렬하게 절사한 선원 김상용의 옛집이 여기 있다…김상용이 청풍계에 가옥을 두고 태고정이라 이름하고…주자의 글씨를 집자하여 백세청풍이라고 커다랗게 새겼는 바 이 집은 선원으로부터 그 종손이 세거하야 김종한 노인 대까지 이르렀고…三井會社(미쓰이)의 소유가 된 오늘날에 와서는 옥간을 덮이고 암석을 때려내고 가옥의 터를 닦아 자연의 풍치가 모두 훼손되어…선원의 옛집터의 태고정은 꼭 한 칸만 남아있어 인부들의 숙소가 되었으며 백세청풍의 각자있는 암석도 일면만 남아있어 겨우 옛날 자취를 짐작하게 되었거니와'

(1935년 9월 19일, 조선일보)

정선은 청풍계 건너편인 유란동幽蘭洞에 살고 있었고 외할아버지 박자진이 청풍계 초입에 살고 있었기 때문에 김상용의 후손들과도 친밀하게 지냈다. 그래서인지 유독 청풍계를 그린 그림이 많다. 현재 일곱 점이나 전해진다.

이 가운데 두 점은 간송미술관에 소장돼 있고, 나머지 다섯 점은 각각 국립중앙박물관·고려대박물관·동아대박물관·삼성리움미술관·겸재정선미술관 등이 소장하고 있다.

청풍계에 대한 것은 그림뿐 아니라 다양한 사람들의 기록물로도 남겨져 있다. 김양근(金養根, 1734~99)은 『풍계집승기楓溪集勝記』에서 18세기 당시 청풍계의 규모와 경치를 자세하게 기록하고 있다.

'경성 장의동(壯義洞) 서북쪽에 있으니 순화방(順化坊) 인왕산 기슭이다. 일명 청풍계(淸楓溪)라고도 하는데 대체 백악산이 북쪽에 웅장하게 솟아 있고 인왕산이 서쪽으로 둘러쌌다…띠로 지붕을 이엇는데 한 간은 넘을 듯하고 두 간은 못되나 수십 인이 앉을 수 있으니 태고정(太古亭)이다…늙은 삼나무 몇 그루와 푸른 소나무 1000여 그루가 있어 앞뒤로 빽빽이 에워싸고 정자를 따라서 왼쪽에 세 못이 있는데 모두 돌을 다듬어서 네모나게 쌓아 높았다. 정자 북쪽 구멍으로 시냇물을 끌어들여 바위 바닥으로 흘러들게 하니 첫째 못이 다차고 나면 다음 못이 차고 그다음 못이 다 차면 다시 셋째 못으로 들어가게 되었다…회심대(會心臺)는 태고정 서쪽에 있으며 무릇 3층이다…회심대 왼쪽 돌계단 뒤에 늠

연사(凜然祠)가 있으니 곧 선원(仙源)의 영정을 봉안한 곳이다. 사당 앞 바위 위에 '대명일월(大明日月)'이라는 네 글자를 새긴 것은 우암 송선생의 글씨다…석벽 위에 주자(朱子)의 '백세청풍(百世淸風)' 네 글자가 새겨져 있으므로 또한 청풍대(淸風臺)라고도 한다.'

독립운동가이자 학자, 언론인인 문일평(1888~1939)이 1930년대 조선일보에 연재했던 '근교산악사화近郊山岳史話'에는 '태고정은 선원으로부터 그 종손이 세거해 김종한의 대까지 이르렀고 순조·헌종·철종께서 어림의 광영을 주셨다'라며 태고정이 김상용의 후손인 김종한의 소유임을 밝히고 있다. 김종한은 1890년 우리나라 최초의 근대 은행인 조선은행과 1897년에 설립된 한성은행의 창업자다.

1912년 작성된 「경성부 북부 청운동 토지조사부」에는 청운동 52번지(4,967평)와 59번지(154평)가 김종한의 소유로 이때까지만 해도 태고정이 건재한 것으로 보인다.

그러나 1917년 「경성부 관내 지적목록」에는 청운동 52번지와 59번지는 창덕궁, 즉 왕실 소유가 됐고, 이웃한 청운동 50번지(1,435평)와 53번지(5,300평)는 미쓰이 소유여서 몇 년 사이에 큰 변동이 있었음을 알 수 있다.

또한 1924년 7월 19일 자 동아일보 '내동리 명물 청운동

그림 4. 1972년 당시 청풍계 일대 모습, 조선일보, 1972년 3월 15일
그림 5. 현재 청풍계 일대의 정비된 모습, 2023

청풍계' 제하의 기사에서 '태황제(고종) 계실 때 이 집이 궁중 소속이 된 것을 특별히 도로 내어주셨는데 지금은 일본 사람의 집이다'라고 하고 있어 52번지와 59번지도 1924년 이전에 일본인의 소유가 되었음을 알 수 있다. 1936년에 제작된 「경성부대관」 지도를 보면 대규모 공사 이후에 토지 정리가 된 택지구조를 확인할 수 있다.

현재 청운초등학교 북쪽 길로 인왕산으로 가는 등산로가 바로 청풍계다. 청풍계에 대한 또 다른 역사적 장소에 대한 기록을 이야기해보자.

청풍계 개울 건너편 남쪽 언덕에는 청운양로원이 있었다. 청운동 56번지 일대는 1926년 필운동에 살던 이원직(당시 51세)씨가 인왕산 아래 10여 명의 노파를 위한 경성양로원을 시작으로 청운양로원이 있던 자리였다. 청운양로원은 비운의 근대 여성화가 나혜석이 김우영과 이혼소송을 한 이후 행려병자의 신세였을 때 잠시 머물렀던 장소이기도 하다.

'청운양로원 2대 원장이었던 이윤영 씨는 "이곳에 청운양로원을 설립했을 때 주위에는 30여채의 한옥과 20여채의 일본인 주택이 들어섰을 뿐"이라고 회상했다'(1972년 3월 15

일자 조선일보)라는 기사를 보면 1920년대 후반에 대규모 거주지역으로 재탄생했음을 확인할 수 있다.

1962년 청운양로원은 현대그룹 정주영 회장에게 팔린다. 여기에는 일화가 있다. 양로원이 매물로 나오자 '사람이 많이 죽어 나간 곳이라 재수 없다'라며 아무도 사지 않았다. 그 이야기를 들은 정 회장이 비서실 직원에게 당장 사라고 지시했다. 의아해하는 직원에게 "불이 나거나 사람이 많이 죽은 장소는 흉지가 아니다"라고 했단다.

정 회장은 양로원을 철거하고 그 자리에 2층짜리 청운동 자택을 지었다. 정주영은 자서전에서 "우리 집은 청운동 인왕산 아래에 있는데 산골 물 흐르는 소리와 산기슭을 훑으며 오르내리는 바람 소리가 좋은 터"라고 자랑했다. 이후 현대그룹이 욱일승천하면서 대기업으로 성장한 배경에 이 집이 있었다는 말이 돌았다. 그래서인지 정주영 사망 이후에도 후손들이 정주영의 흔적을 없애지 않고 있다.

조선 중기 김상용 일가가 자리를 잡은 청풍계에 대한민국을 대표하는 현대 명문가가 이어서 자리를 잡았다는 것은 이곳의 장소성이 얼마나 중요한지 충분히 공감할 만하다.

그림 6. 경성양로원 전경과 원장 리원직녀사, 1928년 5월 18일, 매일신보

현재 청풍계의 옛 모습은 거의 없지만, 그나마 아직 남아 있는 '백세청풍' 바위 글자를 눈으로 확인하고자 한다면 인왕산을 오를 때 청운초등학교 길을 선택하는 게 좋다. 개발과 함께 사라질 위기에 있었던 옛 바위 글자 하나만으로도 이곳의 기운을 느끼기에 충분하기 때문이다.

6.
유란동 계곡에 서린 은둔의 흔적

청송당聽松堂

그림 1. 정선, 「청송당」 『장동팔경첩』, 국립중앙박물관
그림 2. 정선, 「청송당」 『장동팔경첩』, 간송미술관

북촌과 서촌은 경복궁·창덕궁과 인접한 장소여서 조선왕조 500여 년 동안 정치와 문화 경제의 중심지 역할을 해왔다. 권력의 중심성은 한번 형성되기도 어렵지만 형성된 이후에는 그 중심성을 지속하려는 경향이 강하다.

북촌과 서촌은 역사적 장소였기에 『조선왕조실록』이나 17~18세기에 작성된 지도와 그림에 당시 권력자들에 관한 증거들이 많이 남아 있다.

서촌 일대 권력의 중심성을 지도와 그림에 근거해 살펴볼까 한다.

영·정조 때 제작된 「도성대지도都城大地圖」와 「한양도성도漢陽都城圖」를 보면 서촌 지역의 자연 지형과 동네의 특성과 건축물의 의미를 상세하게 알 수 있다. 이 두 지도는 조선 후기에 만들어진 회화식 서울 지도로 마치 산수화처럼 지형을 표현하면서 동시에 지명과 건축물의 이름까지 풍부하고 상세하게 기록하고 있다. 두 지도를 교차해서 살펴보면 더욱 많은 정보를 확인할 수 있다.

두 지도는 공통으로 하천을 따라서 붉은색 실선으로 도로를 표현하고 있다. 당시 도로망의 특징은 하천을 따라서 형성되어 있고 그 하천은 반드시 주변보다 낮은 곳으로 향하는 것이기 때문에 하천의 양쪽 변은 지역을 연결해주는 교통로 역할을 했음을 확인할 수 있다.

현재 북촌과 서촌의 도로들은 과거 하천을 복개한 뒤 확장된 아스팔트인 경우가 많다. 예전 백운동천은 현재 창의문을 통과하여 경복궁역으로 연결되는 6차선 도로에 해당한다.

「도성대지도」의 소현묘昭顯廟 근처 작은 하천은 창의문에서 발원한 백운동천에 합류한다. 이 하천을 끼고 유란동과 도화동桃花洞이 있었다. 하지만 「도성대지도」에는 소현묘라는 중요 지명만 기록하고 있다.

비슷한 시기에 작성된 「한양도성도」에는 좀 더 자세한 지명과 건물들이 그림으로 표현되어 있어 정확한 위치를 가늠해 볼 수 있다. 백운동천의 오른쪽에 육상궁이 있고, 그 서쪽에 하천과 함께 유란동과 청송당聽松堂, 도화동桃花洞, 독락정獨樂亭 등이 있다. 그 뒤에는 소나무 군락이 멋지게 그려져 있고, 왼편 아래쪽으로는 청풍계도 그려놓았다. 「한양도성도」는 사실 그림에 가까운 지도다. 「도성대지도」와 비교해보면 자세하면서도 훨씬 보기 편하다.

유란동 계곡 속에 청송당과 독락정이 있었다. 유란동은

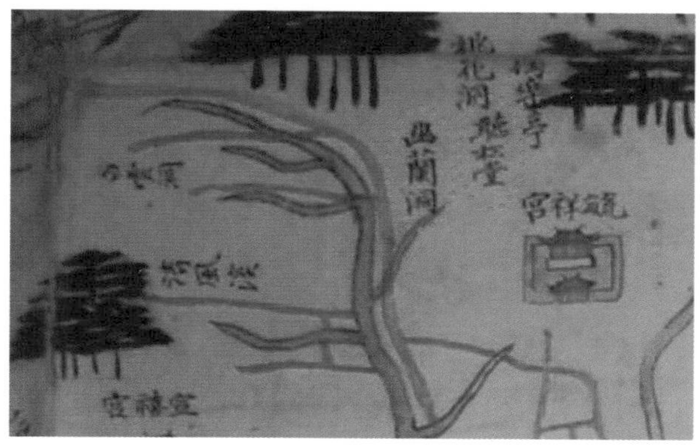

그림 3. 청송당 일대, 「도성대지도」 188 × 213cm, 서울역사박물관
그림 4. 청송당 일대, 「한양도성도」 128.7 × 103.2cm, 리움미술관

'계곡이 깊은 땅'이란 뜻으로 이곳의 주인이 당대 명필로 유명한 청송聽松 성수침成守琛이다. 성수침은 유란동이란 이름도 직접 지었고, 이곳에 자신의 호를 딴 청송당을 지어서 학문에 집중했다.

성혼(成渾, 학자이자 서예가)의 아버지인 성수침은 조광조趙光祖의 수제자로 1519년(중종 14년) 현량과賢良科에 천거되어 벼슬길에 올랐지만, 기묘사화己卯士禍가 일어나자 관직을 버리고 청송당에 은둔한 채 책만 읽었다.

『조선왕조실록』에는 다음과 같이 기록하고 있다.

> '기묘년(己卯年) 간에 조정에서 지치(至治)를 일으킬 무렵 상종하던 선비 중에 명성이 너무 큰 자가 있어 수침(守琛)이 유독 그를 먼저 우려하였었다. 명류(名流)들의 화가 발생하자 그는 세상과 더불어 같이 살아갈 수 없음을 스스로 헤아리고 드디어 과업(科業)을 버리고 백악산(白嶽山) 아래 집 뒤에 두어 칸 집을 짓고 '청송당(聽松堂)'이란 현판을 달고는 문을 닫고 출입도 하지 않고 혼자 그 속에 앉아서 날마다 성인(聖人)의 교훈을 외우며 태극도(太極圖)에서부터 정주서(程朱書)에 이르기까지 손수 다 베껴가면서 의리를 탐구하되 속(俗)된 생각으로 마음을 쓰지 않았다.'

그림 5. 청운중 교내에서 본 청송당 추정지 일대, 2021

정선이 그린 「청송당」은 현재 두 점이 있다. 국립박물관과 간송미술관에 각각 소장되어 있으며 같은 위치에서 비슷한 시점으로 그린 것이다.

국립중앙박물관에 소장된 「청송당」을 보면 북악산에서 내려오는 계곡에 물이 흐르고 그 옆 공터의 세 칸 팔작지붕 누각이 청송당이다. 청송당 주변에는 소나무 군락이 제법 울창하게 있고, 앞쪽으로는 개울가에 버드나무와 함께 작은 기와집 한 채가 보인다.

그림 5는 필자가 정선의 그림에서 위치를 가늠해 보면서 청운중 후원과 경기상고 경계면에서 북악산을 오른쪽에 놓고 찍은 사진이다.

현재 경기상고 교정 내에 청운중 담장과 붙어있는 곳에 '聽松堂遺址청송당유지'라고 새겨진 돌이 남아 있다. 1961년 9월 당시 서울상업고등학교 교장 겸 청운중 교장 맹주천孟柱天이 흩어져 있던 유적들을 정리하고 표지석을 현재 위치에 놓았다는 기록이 있다. 청운중학교 교정에서 서쪽 깊숙이 들어가면 '聽松堂'이라는 현판을 걸어놓은 공터도 있다. 그렇다면 예전 청송당 일대는 현재 경기상고와 청운중으로 나눠진 것으로 보인다. 아마 청운중 후원 일대에 청송당이 있었다고 봐도 무방할 것 같다.

그림 6, 7. 경기상고 교정에 있는 청송당유지 바위 각자와 유구들, 2021

그림 8. 청송당 일대, 「경성부대관」 1936, 서울역사박물관

성수침이 중앙 정계에서 밀려나면서 그의 집터는 폐허가 되어 다른 사람의 소유였으나 송시열 등에 의해 중건되면서 이이와 성혼의 학풍을 계승한 학자들의 성지로 인식되었다.

이후 청송당에 대한 근대적인 기록은 조선일보 1935년 10월 4일 자에서 볼 수 있다. 독립운동가이자 학자, 언론인인 문일평이 쓴 글이다.

> '겸재가 그린 청송당이 있으니 청송당에 면한 큰 바위에 '청송당유지(聽松堂遺址)'의 5자를 새겼었고, 또 그 그림 중에 그린 가늘고 가는 계곡도 지금까지 오히려 흔적이 잔존하며 작은 폭포 부근 바위에는 또 '유란동(幽蘭洞)'의 3자가 새겨져 있는 바 오늘날도 백악의 송림에 산보하는 손님들로 하여금 당시 청송당의 고풍을 생각하게 한다.'

이 내용을 보면 '유란동' 글자는 적어도 1930년대까지는 바위에 각자 된 채로 있었다. 그 계곡을 통해서 북악산으로 가는 주요한 산책객들의 주 출입처였을 것이다.

그러나 1950년 경기상업고등학교 옆에 경기상업중학교(현 청운중)를 건설하는 과정에서 유란동 계곡을 복개하고 산은 깎는 바람에 바위의 정확한 위치를 짐작하기 어렵게 되었다. 또한 계곡이 흘렀던 곳은 복개가 된 상태여서 이곳이 유란동 계곡임을 짐작만 할 뿐 흔적을 찾기는 어렵다.

기록들을 종합해본다면 「경성부대관」에 붉은 점선으로 표시한 부분이 '청송당' 일대일 것이다. 현재도 청운중학교 후원에 비가 많이 오면 북악산에서 발원하는 계곡물이 내려오는 계곡이 형성되고, 오랜 세월 출입이 금지된 덕분에 수목들이 우거져 있다. 그 계곡을 따라 올라가면 북악산으로 갈 수 있지만, 현재는 청운중을 넘어서 큰 도로가 생겼고 북악산에 면해서는 수도 방비를 위한 군인아파트가 들어서면서 이 등산로는 폐쇄되었다.

7.
가노라 삼각산아 다시 보자 한강수야

무속헌無俗軒과 독락정獨樂亭

그림 1. 정선,「독락정」『장동팔경첩』, 국립중앙박물관

중종 때 서윤(庶尹, 한성부와 평양부에 한 명씩 두었던 종4품) 벼슬을 한 김번金璠이 풍수발복風水發福 한다는 터에 집을 짓고 그 집을 '무속헌無俗軒'이라고 불렀다. 이곳은 청풍계 동쪽 건너편이었다.

정말 그 풍수가 맞았는지 김번의 증손자인 김상용과 김상헌金尙憲 형제를 필두로 가문이 크게 일어서기 시작했다. 김상용은 인조 때 영의정을 지냈으며 예조판서 김상헌은 효종 때 좌의정을 제수받았다.

병자호란 당시 강화도에 들어간 형 김상용은 청나라 군병들에 의해 세력이 기울고 인조가 남한산성에서 나와 삼전도에서 항복선언을 해야 하는 상황이 닥쳤을 때 강화도성의 남문 다락 위에 올라가 화약 상자에 불을 놓아 폭사 순절한 충절의 의인이었다.

아우 김상헌은 또한 남한산성에서 항복문서를 찢고 6일 동안 단식으로 저항했으며 척화파(斥和派, 청과의 화친을 거부하는 파)의 대표로 지목되어 청나라 심양에 끌려가면서도 충절의 기개를 꺾지 않았다. 그 충절을 인정받아 귀양지에서도 청인들의 흠모를 받았던 인물이다.

김상헌이 청나라로 끌려가면서 지은 시가 예전에 고등학교 교과서에도 실렸던 '가노라 삼각산아'다.

가노라 삼각산아 다시 보자 한강수야
고국산천을 떠나고자 하랴마난
시절이 하 수상하니 올동말동하여라

김상용과 상헌 형제는 백운동천을 사이에 두고 상용은 청풍계에 자리를 잡고, 상헌은 무속헌에 자리를 잡았다.

김상헌의 손자 대에서만 김수증(金壽增, 참판), 김수흥(金壽興, 영의정), 김수항(金壽恒, 영의정)이라는 걸출한 인물이 나왔고, 그 아래로 정승판서만 60명이 배출됐다. 한 집안에서 고위 관직 60명이 넘게 배출되었다면 이들의 유전자가 남다른 건지 '풍수발복' 터가 맞는 건지 후대 사람들이 궁금할 것이다.

어쨌든 김번이 지은 무속헌이 조선 후기 최고의 권력가들을 줄줄이 배출한 집이 되었으니 그의 안목을 인정하지 않을 수 없다.

김상헌의 손자인 김수흥은 무속헌 뒤 만리뢰萬里瀨 계곡 깊숙한 곳에 '독락정獨樂亭'이라는 정자를 지었다. 숙종 때 두 차례나 영의정을 지낸 김수흥은 역시 두 차례 유배를 당했으니 독락정은 정치의 흥망성쇠를 같이했던 장소였다.

18세기에 제작된 「한양도성도」에는 도화동, 청송당과 가까운 위치에 독락정도 기록되어 있다.

김수흥의 문집 『퇴우당집退憂堂集』 제10권에 실려 있는 「독락정기獨樂亭記」를 보면 주변 환경을 짐작해 볼 만하다.

'우리 집은 백악산 아래 궁벽한 곳에 위치해 있어서 시끄러운 저잣거리와 멀리 떨어져 있다. 집 뒤로 수십 걸음을 가면 마을이 깊고 고요하다. 산골짜기에는 물이 맑고 시원하여 매번 관청에서 물러나 밥을 먹고 난 여가에 짚신 신고 지팡이 짚으며 물과 돌 사이를 소요하면서 울적한 기운을 풀어버렸다. 우거진 숲의 무성함이 없어지면 노닐며 쉴 곳도 없어서 흥이 나면 홀로 갔다가 시름없이 바라보다가 돌아오곤 했다. 이제 처음으로 한 채의 초가집을 지으니 돌을 뚫고 물줄기를 차지하여 바위 골짜기 위에 날개를 펼친 듯 자리하였으니 독락(獨樂)이라고 편액(扁額)하였다.'

유란동 집 근처 무속헌에 살았던 김창흡金昌翕과 정선은 친분이 많았다. 김창흡은 김상헌의 증손자이며 김수항의 아들이다. 정선은 김창흡의 집에서 학문을 배우고 그림을 보며 화가의 자질을 키웠기에 김창흡을 정선의 스승으로 부르기도 한다.

김창흡은 금강산을 여섯 차례나 유람했다. 이 중에는 정

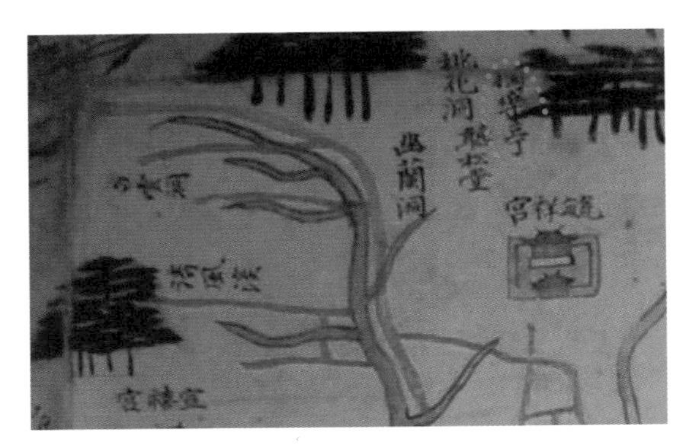

그림 2. 독락정 일대, 「한양도성도」, 리움미술관
그림 3. 독락정 추정지, 2023

선과 함께 금강산을 찾은 적도 있으며 정선의 「금강내산도」에 화제(畫題, 그림의 제목)를 써주기도 했다.

이러한 인연으로 정선은 김창흡의 큰아버지 김수흥이 지은 독락정을 그렸다. 정선의 「독락정」 그림을 보면 멀리 북악산의 웅장함과 함께 깊은 계곡 사이에 초가로 지어진 독락정의 모습이 보인다. 현재 독락정은 없으나 정선의 그림을 근거로 하면 청와대 뒤편 전망대 부근에 있었던 것으로 추측된다.

『승정원일기』 1743년 기록에 따르면 독락정이 심공량의 소유로 나온다. 아마 후에 소유권이 김씨 집안에서 심씨 집안으로 바뀐 것 같다.

> '11월 27일 눈이 내리던 날 밤, 이곳 독락정의 주인 심공량(沈公良)의 집에 호랑이가 들어와 돼지 한 마리를 잡아가는 사건이 일어났다.'

1700년대만 해도 북악산 인근에 호랑이가 자주 출몰했고, 민가에까지 내려왔다. 하기야 1900년대 초까지도 전국에 호랑이가 많이 살고 있었다. 일제강점기인 1915년 일제

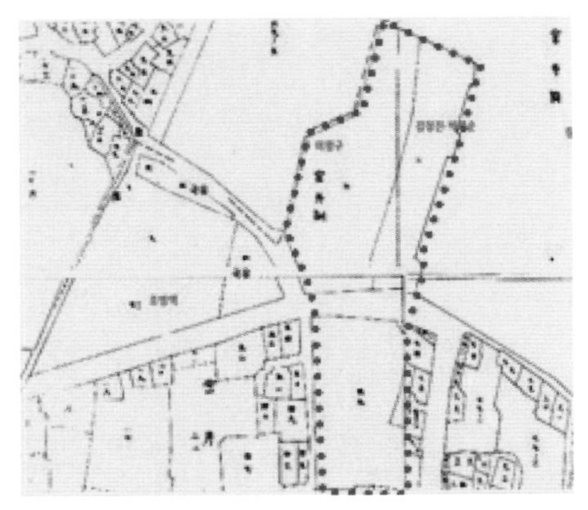

그림 4. 무속헌 일대, 「경성부 일필매 지형명세도」 1929, 국립중앙박물관
그림 5. 무속헌 일대, 「경성부대관」 1936, 서울역사박물관

가 호랑이 소탕 작전을 펼쳐 100마리(비공식으로는 500마리)의 호랑이를 잡았다고 한다. 공식적으로는 1922년 경주에서 잡힌 호랑이가 한반도의 마지막 호랑이였다. 정선의 그림에서 보듯이 인왕산과 북악산의 계곡은 깊고 험해 호랑이의 이동 통로로 손색이 없는 자연 풍광이었다.

다시 무속헌 얘기로 돌아오자. 무속헌은 현재 어느 위치에 있었을까.

지도와 기록을 세밀히 검토하면 현재 청와대 옆 주한 로마교황청 대사관과 무궁화동산이 있는 자리로 볼 수 있다. 지번으로 하면 궁정동 2번지와 55번지다.

첫 주인인 김번의 후손 중 무속헌의 마지막 주인은 김정진이었다. 1912년까지 궁정동 2번지의 소유주는 김정진으로 나온다. 그러다 일제강점기인 1917년 대표적인 친일 귀족 박제순에게 넘어갔다가 박부양을 거쳐 현재는 주한 교황청 대사관저로 사용되고 있다.

대한매일신보 1909년 6월 3일 자에는 무속헌이 일본인에게 전당 잡혀서 팔리게 되었다는 기사가 있는데 1912년 경성부 지적목록에는 궁정동 55번지(775평)의 소유주가 일본인 다카하시 도루高橋享라고 되어있다.

그림 6. 무속헌 터에 세워진 청와대 안가의 모습.
그림 7. 주한 로마교황청 대사관, 2023

다카하시 도루는 1905년 한성고등보통학교(현 경기고) 교사로 초빙됐고, 대구고등보통학교 교장과 경성제국대학 교수를 역임한 인물이다.

다카하시가 살던 궁정동 55번지 집은 1945년 해방 이후 적산가옥으로 국가 소유가 됐다. 1970년대까지는 청와대 안전 가옥(안가)으로 사용되다가 한국 현대사에서 잊지 못할 역사적 장소가 되었다. 1979년 10월 26일 박정희 대통령이 부하인 김재규 중앙정보부장의 총에 맞아 숨진 장소가 바로 이곳 안가였다.

그림 6과 7은 비슷하게 보이나 하나는 청와대 안전 가옥 시절의 모습이고, 하나는 현재 로마교황청 대사관이다.

군인정치 시대를 끝내고 문민정부 시대를 연 김영삼 정부에서는 '어두운 정치'의 상징이었던 청와대 안가를 밝게 만들어서 시민들에게 돌려줌으로써 새로운 시대를 열고자 하였다. 1993년에 과거 '권부의 밀실'이었던 궁정동 안가 터 3,200평이 시민공원인 '무궁화동산'으로 탈바꿈했다.

무궁화동산 안에는 김상헌의 시비가 있다. 이곳이 김상헌의 무속헌 집터였음을 알게 하는 흔적을 남겨놓은 것이다.

또한 무궁화동산 일대를 설명해줄 수 있는 것이 여러 그

그림 8. 무궁화동산에 세워진 김상헌 시비, 2023
그림 9. 무궁화동산 주변의 회화나무, 2023

루의 회화나무다. 조선 시대에는 회화나무를 집에 심으면 가문에 큰 인물이나 큰 학자가 나온다고 하여 길상목吉祥木으로 불렀다. 임금이 관리에게 회화나무를 하사하기도 했다.

적어도 300～400년 수령으로 보이는 회화나무가 도로에 면해 있어서 직접 눈으로 확인해 볼 수 있는 것만 세 그루가 있다. 그만큼 이곳이 중요한 장소였음을 확인해준다.

역사적인 인물이 살았거나 특별한 사건이 발생했던 장소의 힘은 매우 강하다. 이런 이미지나 힘을 상쇄시키기 위해서 일반 시민들의 공간으로 만드는 경우가 많다. 종로구 새문안로의 '4·19혁명 기념 도서관'도 4·19의 도화선이 됐던 이기붕 부통령의 집이 있던 자리로 당시 이기붕 일가가 죽음을 맞았던 장소다. 이곳을 도서관으로 만들어 시민들의 안식처로 재탄생시켰다.

무궁화동산 역시 수백 년을 이어온 권력자들의 주거지였고, 현직 대통령이 부하의 총에 맞아 사망한 비극적인 장소였다.

무궁화동산에 가면 나라꽃인 다양한 무궁화를 볼 수 있다. 무궁화동산을 거닐면서 무속헌과 안가의 역사를 더듬어보는 시간을 가져도 좋겠다.

8.
세상을 등지고 숨어있는 바위

대은암大隱岩

그림 1. 정선, 「대은암」 『장동팔경첩』, 국립중앙박물관
그림 2. 정선, 「대은암」, 간송미술관

북악산은 경복궁 바로 정북의 위치에 있다. 그 형태가 자못 위압감을 주는 형태를 띤다. 정삼각형의 봉우리로 어린이들이 그리는 삼각형 산 바로 그 형태를 그대로 닮았다. 그래서인지 이곳을 주거지로 삼는 사람들은 이 산세의 기운을 충분히 이겨낼 만한 인물이어야 될 듯싶다. 적어도 왕이거나 권력의 중심에서 활약하는 인물 중 어떤 이들이어야 했나 보다.

조선을 세운 이성계는 북악산을 경복궁의 주산으로 생각하고 그 아래 터를 닦은 후에 경복궁을 세워서 조선왕조를 시작했다. 정삼각형 형태의 북악산 아래에는 조선의 권력자들이 살았다. 정선의 그림에서도 확인할 수 있다.

정선은 북악산 바로 아래「대은암大隱岩」이란 제목의 그림을 여러 장 그렸고, 그의 손자 정황鄭榥도 이 일대를 그렸다. 현재 정선의 작품 두 점과 정황의 한 점까지 모두 세 점이 전해지고 있다.

대은암은 지금 청와대 서쪽 끝 육상궁의 바로 북쪽에 있는 큰 바위로 추정된다. 대은암은 화강암으로 되어있는 북악산의 특징을 잘 보여주는 자연 지형물이다.

정선은 북악산의 아름다운 풍광과 위압감을 제대로 살려

서 그림으로 남겼다. 정선의 작품은 대은암 일대를 비교적 가까이서 본 풍경으로 간송미술관이 소장한 「대은암」에서는 기와집과 담장으로 둘러친 육상궁과 육상궁 오른쪽으로 개울가와 민간의 띠 집을 아기자기하게 그렸다. 중앙박물관 소장의 「대은암」은 울창한 소나무와 버드나무 속에 있는 육상궁과 뒤에 대은암을 주인공으로 그렸다.

어떤 이들은 기와집에서 2시 방향에 검은 바위가 대은암이라고 주장하기도 하나 필자가 여러 자료를 종합해 본 결과 육상궁 뒤에 넓게 펼쳐진 바위 전체를 대은암으로 봐야 할 것 같다.

정황의 「대은암」은 정선의 그림에 비해 멀리서 바라보는 시점으로 백악산(북악산) 봉우리를 더욱 선명하게 삼각형으로 뾰족하게 그리고, 그 아래 육상궁은 하단 오른쪽으로 배치한 다음 복판에 담벼락과 노송들을 그렸다. 대은암보다는 북악산의 전체 형태와 육상궁의 위치를 좀 더 구체적으로 표현했다. 바위로 표현된 기슭은 지금은 청와대로 담장이 둘러싸여 있고 북악산으로 올라가는 급경사를 이루는 언덕길이다. 정선의 그림에 있는 바위가 없는 점으로 미루어 이 일대의 넓은 바위 전체를 대은암이라고 봐도 무방할 듯하다.

그림 3. 정황, 「대은암」, 국립중앙박물관

대은암동은 북악산의 남쪽 기슭에 있는 마을 이름이며, 중종 때부터 불렸음을 옛 문헌을 통해서 알 수 있다.*

1519년 기묘사화를 일으킨 훈구학파 남곤(南袞, 1471~1527)이 북악산 남쪽의 빼어난 경치를 사랑하여 이곳에 집을 짓고 살았다고 전해지고 있다. 대은암이라는 이름은 남곤의 절친한 벗인 박은朴誾이 집에 놀러 왔다가 지은 글에서 기인한다.

> '주인(남곤)은 산봉우리를 가졌으니 그것이 우리들의 향로인 셈이고, 주인이 계곡을 가졌으니 그것이 우리 집 처마 낙숫물인 셈이네. 주인이 벼슬과 권세가 대단하여 문 앞에 찾아온 수레 많기도 하다. 삼 년이 지나도록 단 하루도 찾지 않는 동산이라 산신령이 있다면 꾸지람을 당하리라.'

주인 남곤은 제집 뒤에 바위가 있는 줄도 몰랐으니 '숨어 있는 큰 바위(大隱巖)'가 되었고, 가까이 있는 시원한 계곡은 즐기지도 못하니 '만 리나 떨어져 있는 여울(萬里瀨)'이 되었다. 육상궁 오른쪽으로 흘러가는 물길이 만리뢰일 것이다.

* 신증동국여지승람 제3권: '한성부편'은 '남곤이 대은암과 만리뢰 일대에 집을 잡고 살았다'라고 적고 있다.

남곤은 기묘사화 때 조광조를 비롯해 양팽손, 기준 등 신진 사림세력을 숙청했다. 조광조의 제자였던 성수침은 세상과 등지기 위해 유란동 계곡에 청송당을 짓고 은거를 했고, 남곤은 청송당에서 멀지 않은 대은암동에 살면서 온갖 권력을 휘둘렀다.

하지만, 많이 가지고 있던 남곤은 있는 것도 즐기지 못해서 친구들의 놀림거리가 됐고, 가진 것 없던 성수침은 은거하며 공부에 전념했다. 후대 사람들은 성수침이 은거했던 청송당을 노론학파의 성지로 삼아서 그를 기억했다.

자연을 즐긴다는 것이 어떤 뜻이며, 권력이 10년도 가지 못한다는 '화무십일홍花無十日紅'이란 말을 생각해보게 되는 대목이다

18세기에 만든 「도성대지도」에 보면 육상궁 상단 위쪽에 '대은암'이라고 표시되어 있다. 좀 더 정확한 위치는 1936년에 제작된 「경성부대관」에서 확인해보고자 한다. 「경성부대관」은 항공사진을 촬영하여 다시 그림처럼 그린 파노라마 지도다. 조감도의 형태로 제작되었고, 자연 지형을 색칠해 입체적으로 표현했기에 지역을 이해하기 쉽다.

기록과 자료를 종합해서 「경성부대관」을 살펴보면 필자가 붉은 점선으로 표시한 부분이 대은암의 위치라고 볼 수

그림 4. 대은암 일대, 「도성대지도」, 서울역사박물관
그림 5. 대은암 일대, 「경성부대관」, 1936, 서울역사박물관

있다.

대은암과 만리뢰는 많은 사람이 찾아 풍류를 즐긴 장소로 기록도 많이 남아있다. '가노라 삼각산아'를 읊었던 김상헌은 청나라로 끌려가서 지은 『청음집清陰集』에 대은암과 만리뢰에 대한 아련한 기억을 회상하고 있다.

'한번 겹쳐 돈 바위가, 푸른 절벽 에워싸고, 맑은 시내 돌을 쳐서 슬픈 옥이 우는구나.

동천(洞天) 속은 적막하여 사람 자취 드물거니 솔 그늘에 진 그림자 푸른 이끼 빛이구나.

술 흥에다 시의 정이 좋은 경치 만났거니 외로운 구름 저녁 새와 함께 돌아오는구나.

나의 집과 물을 격해 동쪽 서쪽 있거니와 어느 날에 돌아가서 다시 찾아보려는가.'

또한 18세기 후반 사대부 지식인 유만주兪晩柱도 그의 일기에 다음과 같이 적어 놓았다.

'아침에 돌아오다가 대은암을 찾아갔다. 북악산의 깊숙한 골짜기를 지나 소나무 아래 개울물이 흐르는 길을 따라 들어

그림 6. 대은암에 쓰여있던 '무릉폭' 바위 각자, 경복고 44회 동창회
그림 7. '도화동천' 바위 각자, 경복고 44회 동창회

가니 텅 비어 있어 아무도 살지 않는 곳 같았으며 그저 푸르름만 눈에 가득하였다. 백여 걸음 올라가니 커다란 바위 하나가 서 있었다. 바위에는 박은이 쓴 '대은암만리뢰(大隱巖萬里瀨)' 여섯 자가 새겨져 있었다. 한참을 앉았다 누웠다 하노라니 세상살이에 대한 온갖 생각이 사그라들었다.'

그런가 하면 시조시인 가람 이병기 선생과 경복고 초창기 졸업생들도 대은암을 기억하고 있었다.

'경복중학교를 갔다가 그 기숙사 후문을 나서 보았다. 한 계곡이다. 물은 하잔히 흐르되 그 동숙(洞塾)의 심원(深遠), 암석의 기이(奇異), 수림(樹林)이 울창(鬱密)함은 사람을 자못 유혹케 한다. 더 오르매 골은 두 갈래로 나고 온통 바위서리다. 바위로 골도 메우고 그 밑으로 맑은 물이 흐르니 이는 명옥천(鳴玉泉)이라 하고 한옆으로는 바위가 둘렀는데 산록(岳麓), 쌍계동(雙溪洞), 도화동천(桃花洞天) 또는 산광여수고(山光如邃古), 석기가장연(石氣可長年)이라 새겼고 그 우로는 바위가 솟았는데 게는 무릉폭(武陵瀑)이라는 각자(刻字)가 또렷하다. 과연 경정신이(境靜神夷), 상시소해(相視笑諧)할만한 곳이다. 이곳이 백악(白岳)의 동록(東

麓)도 되는 대은암(大隱岩)이 있는 곳이다.'*

'1950년대만 해도 계곡에는 바닥에 널린 바위 위로 병풍을 연상케 하는 깎아지른 바위가 있고 거기에 〈무릉폭(武陵瀑)〉이라 새겨진 바위 각자가 있었다. 여기가 바로 대은암이며, 그 아래에서 두 줄기의 시냇물이 합하여 한 줄로 흐리는 것이 곧 만리뢰(萬里瀨)이다. 방향을 바꾼 입구 쪽으로 맑은 물이 흐르는 동·서 양면의 바위에는 자연석을 그대로 쪼아 조각한 석수상(石獸像)이 북쪽을 향하여 있고, 그 석수상 사이로 들어서면 병풍을 두른 듯 포개진 대은암이 올려다 보인다. 그 아래에는 정자(亭子)가 있었던 흔적과 함께 대은암 언저리 너럭바위 여기저기에 〈武陵瀑〉, 〈山光如邃古石氣可千年〉, 〈岳麓〉, 〈雙溪洞〉, 〈桃花洞天〉등의 바위 글자가 새겨져 있었다.'**

현재 경복고 후문(옛 경복중학교 기숙사 후문)을 나서면 바로 도로가 나온다. 예전에는 이곳이 계곡이었다. 그 도로를 건너 경복아파트 정문을 끼고 청와대와 담장을 같이한 칠

* 이병기, 「대은암」, 1940, 문장사; 경복고 44회 동창회

** 경복 동문회, 『경복 70년사』, 94쪽

궁을 지나면 북악산으로 오를 수 있는데 가파른 오르막이 계속된다. 오르막에서 아래를 내려다보면 깊은 계곡이 있다. 2022년 개방된 청와대 춘추관을 지나 북악산 등산로를 따라가다 보면 각종 바위 글자들이 있는 계곡이 보일 것이다. 이곳은 1968년 1월 21일 북한 무장 공비가 침투한 이후 50여 년 동안 일반인의 출입이 허용되지 않던 곳이다. 이 바위 글자가 있는 곳이 대은암 부근일 텐데, 대은암이 실제 어디쯤인지는 정확히 확인할 수 없다.

여기 좀 더 그 장소를 특정할 수 있는 사진이 있다. 이 사진은 『경성부사』 1권에 '대은암에는 무릉폭이라고 세글자가 새겨져 있다'라는 글과 함께 있는 사진이다. 아마도 경복고 44회 동창회 자료에 있는 '무릉폭'과 '도화동천'이라는 바위 글자가 이 사진의 계곡 바위에 새겨져 있는 것으로 보인다.

경복 동문회 연구자들에 따르면 경복고 1회 졸업생인 이숭령 박사가 생전에 "대은암은 사람 대여섯 명이 둘러앉을 만한 크기다"라고 말했다고 한다. 아마 사진에 보이는 너럭바위를 말하는 것 같다.

대은암에 살았던 사람들의 이야기는 조선 시대 정사正史와 야사野史에 여러 차례 나온다. 대은암 일대는 조선 시대

그림 8. 대은암 일대, 「국역 경성부사」 1권

권세가들의 집터나 정자터였다.

그러나 일제강점기에 조선총독부가 경복궁 경내로 들어서고, 1939년 경복궁에 있던 총독관저를 후원 자리로 옮기면서 이 일대에 일반인들의 출입을 막았다.

해방 후인 1948년, 대한민국 정부가 수립된 이후 초대 이승만 대통령은 총독관저를 '경무대'로 명명하고 대통령 관저로 사용했다. 1960년 4·19혁명으로 이승만 대통령이 물러나고 집권한 윤보선 대통령이 경무대의 지붕이 푸른 기와로 되어있다고 해서 '청와대靑瓦臺'로 이름을 바꿨다. 전두환 정부에서는 예전 비좁은 경무대 건물을 허물고 그 자리에 지금의 청와대를 재건축해서 오늘에 이르렀다. 청와대는 역대 대한민국 대통령들의 집무실이자 관저였던 관계로 2022년 일반에 공개될 때까지 결국 100년 가까이 대은암 일대는 철저히 숨겨져 있었다.

이곳에 처음 집을 짓고 살았던 남곤이 주위에 바위가 있는지 계곡이 있는지 몰랐다는 일화에서 이름 붙여진 대은암. 숨어있는 것에 익숙해서 그런지 오늘날에도 본연의 모습을 대중에게 보여주기 싫어하는 것 같다. 그런 점에서 대은암이란 이름은 매우 적절하다고 여겨진다.

9.
친구의 집에서 즐거운 한때를 보내다

삼승정三勝亭과

옥동척강玉洞陟崗

그림 1. 정선, 「서원조망도」, 겸재정선미술관
그림 2. 정선, 「서원소정도」, 개인소장

정선이 살았던 유란동에는 그와 함께 어렸을 때부터 그림을 그리고 시를 읊으면서 놀았던 친구들이 있었다. 그래서 정선은 서촌을 사랑했고, 친구들과 교류했던 장소에 대한 그림을 많이 남겼다.

정선의 친구로 가장 유명한 사람은 시인인 이병연이었다. 현재의 청와대 뒤편 기슭에 이병연의 집인 '취록헌翠麓軒'이 있었다고 한다. 정선의 유명한 그림 「인왕제색도仁王齋色圖」에 나오는 집이 취록헌이라고도 한다.

세종의 아들 영해군寧海君의 10대손인 이춘제李春躋 역시 정선의 막역한 친구였는데 창의동에서 태어나 인왕산 아래 옥류동에서 살았다. 옥류동 집의 후원을 도성의 서쪽에 있다고 하여 서원西園으로 불렀고, 서원에 지은 정자가 삼승정三勝亭이다.

함께 어울렸던 친구로 나중에 영의정까지 지낸 조현명趙顯命이 삼승정이라는 이름을 지어준 장본인이며 그는 『귀록집歸鹿集』에서 그 유래를 전해주고 있다.

'이 정자가 이루어진 것이 이춘제의 나이 49세가 되는 해다. 그런 까닭으로 이춘제는 정자의 이름을 사구정(四九亭)이라 지을까, 또 세심대와 옥류동 사이에 있으니 세옥정(洗

玉亭)이라고 지을까 생각하면서 나에게 정자 이름을 청하였다. 이에 나는 정자에 올라 시를 지을 때 '사천 이병연의 시와 겸재 정선의 그림을 좌우에 맞아들여 주인노릇 한다'라는 것에서 이름을 취해 삼승정(三勝亭)이라고 이름을 지어주었다. '정자의 빼어난 것이 이씨(二氏)를 만나서 삼승(三勝)을 갖추게 되었다'라는 뜻을 담았다.'

인왕산 중턱 언덕 위에 넓은 집터를 잡은 이춘제는 한양도성을 가장 잘 바라볼 수 있는 서원에 삼승정을 지은 뒤 정선, 이병연 등 친구들을 불러 시를 짓고 세상을 논하기도 했다. 이춘제는 정선에게 삼승정을 그려달라고 부탁한다. 그렇게 해서 나온 그림이 「서원조망도西園眺望圖」와 「서원소정도西園小亭圖」다.

「서원조망도」에는 띠 풀로 엮은 삼승정에 이춘제 혼자 앉아 한양 도성을 바라보고 앉아있다. 정선은 주변 산세의 특징과 나무들의 종류와 크기, 기와집 군락으로 형성된 마을과 초가집, 임진왜란 이후에 폐허로 남은 경복궁 경회루의 돌기둥들을 매우 섬세하게 그렸다.

더구나 「서원조망도」에는 사직社稷, 인경仁慶, 삼청三淸, 회맹會盟, 경복景福, 종남綜南, 관악冠岳, 남한南漢 등 여덟 개의 지명을 구체적으로 적어 놓아 지도의 역할까지 하고 있다. 이렇게 정선이 꼼꼼하게 지명들을 기록해 놓았으므로 서원이 있던 장소를 유추해 볼 수 있다.

이렇게 실존하는 그림이 있고 그날의 이야기를 문서로 남겨놓는 문객들의 감수성 덕분에 우리는 옛날의 그 장면을 마치 영화를 보듯이 상상할 수 있다.

인왕산에서 정자를 내려다보며 그린 게 「서원조망도」라면 시선을 반대로 돌려 서원에서 인왕산 쪽을 바라보며 그린 게 「서원소정도」다.

「서원소정도」를 자세히 보면 사각모를 쓴 주인과 빗자루를 들고 따라가는 하인이 등장하며 삼승정과 울창한 소나무 군락이 있다. 오른쪽 위쪽에 세심대, 왼쪽에는 옥류동이라는 글씨가 있다. 조현명의 글대로 삼승정이 옥류동과 세심대 사이에 있었던 사실을 확인시켜준다.

서원과 삼승정이 있던 장소는 현재 서촌의 옥인동 47번지 일대로 일제강점기 이후 주거지로 변했기에 정확한 위치는 찾기 어렵다. 그러나 추측할 근거는 있다.

2019년에 '玉流洞'이라고 쓴 바위 각자刻字가 발견됐다. 이 옥류동 각자는 정선의 그림에도 나오고, 기록도 많다. 서촌에서 자란 사람 중에 '어릴 때 살던 집 뒤 암벽에 글씨가 있었다'라고 기억하는 사람도 있었다. 그러나 이 각자는 이 일대가 주택지로 개발되면서 가려졌다가 2019년에 주택을 철거하면서 발견된 것이다. 옥류동이라는 이름은 일제강점기에 옥류동과 인왕동을 합쳐서 옥인동玉仁洞으로 지명이 바뀌는 바람에 사라졌으나 옥류동 각자의 발견으로 원래 이름의 유래를 알게 된 것이다.

이 옥류동 글씨는 송시열의 글씨로 알려져 있는데 그 위치와 같은 장소라고 볼 수 있다.*

이런 내용을 종합해보면 현재 비교적 높은 곳에 자리한 서울교회와 경복교회 아래쪽에 서원의 담장이 있었다고 추측할 수 있다.

정선의 또 다른 그림 「옥동척강玉洞陟崗」은 매우 희귀한 그림이다. 옥동은 옥류동이고, 척강은 산등성이를 오른다는 뜻이다. 즉, 서원에서 놀던 친구들이 함께 등산하는 모습을 그린 것이다. 고개를 오르는 선비가 일곱 명이나 된다. 마치 사진처럼 더운 어느 여름날에 이 장소에서 친구들과

* 윤택영의 〈일양정석각소기서후몽김공정기후〉에는 '玉流洞, 松石園, 龜臺, 碧樹山莊이란 바위글씨가 일양정 주위에 새겨져 있고, 옥류동은 제일 오래된 바위 글씨로 일양정 후면에 위치하며 송시열이 쓴 것으로 전한다고 한다.; 종로문화원 〈인왕산의 어제와 오늘〉

그림 3. 정선, 「옥동척강」, 개인소장

그림 4. 서원 위치와 옥동척강 예상 코스(파란 점선), 「경성부대관」

산에 오르는 추억의 장면을 사실 그대로 보여주고 있는 그림이다.

이춘제는 이 그림이 그려지게 된 배경을 이렇게 설명한다.

'벼슬을 쉰 이래로 병과 게으름이 다 생겨서 집 뒤 작은 언덕을 넘겨다 보지 못한 지가 오래되었다. 송원직, 서국보가 심시서, 조군경 두 영감과 작은 모임을 도모했는데 귀록 조현명이가 소식을 듣고 왔다. 그때 소나기가 심한지라 맑아지기를 기다려서 서원에 올라가 앉았다가 그냥 이어서 사립문을 나서서 옥류동의 샘과 바위 사이를 배회했는데 홀연 귀록이 지팡이를 휘저으며 짚신을 신고 가파른 곳을 붙들고 산을 오르는데, 걸음의 민첩함이 젊은이도 못 따를 지경이었다. 여러 사람이 뒤따르는데 몸에는 땀나고 숨차지 않을 수 없었는데 잠깐 사이에 산등성이를 넘고 골짜기를 지날 수 있어서 청풍계의 원심암과 태고정이 홀연 아래로 보였다… 정자에서 소요하는 것으로 마침내 저녁이 되어도 돌아갈 줄 모르다가 파하기에 임해서 귀록이 입으로 시 한 수를 읊고 제공에게 잇대어 화답하라 하고, 겸재 화필을 청하여 장소와 모임을 그려 달라 하니 그대로 시화첩을 만들어 자손이 수장하게 하려 함이다.'

그림 5. 서원 추정지 일대, 2023

즉, 이춘제의 집에 모인 7명이 소나기가 그치자 서원에 나갔는데 흥이 난 조현명이 즉흥적으로 산을 올랐고, 그 뒤를 따라 모두가 옥류동에서 청풍계까지 갔다 왔다는 이야기다. 정선은 이춘제의 부탁을 받고 그림을 그려준 것이다.

「옥동척강」 역시 서원과 삼승정의 위치를 추측할 근거를 제시해준다. 왼쪽 밑에 굵은 선으로 그린 여백은 이춘제의 집 담장일 것이다. 「서원소정도」와 「서원조망도」에서 모두 삼승정 주변에 담장이 보이는데 「옥동척강」의 여백과 같은 곳으로 보인다. 왼쪽 밑에서 중앙으로 사선으로 이어지는 가파른 고갯길이 그려져 있다. 길의 왼편은 여러 형태의 바위들과 산이 이어져 올라가고, 오른쪽은 가파른 절벽이다. 이곳이 현재 서울교회로 올라가는, 매우 경사가 급한 계단일 것이다.

옥류동과 청풍계는 정선이 매일 드나들며 친구들과 소풍다니던 장소다. 서로의 집을 방문하며 시를 짓고 그림을 보면서 문화적 소양을 넓히던 곳이기도 하다. 그래서 정선은 다양한 시점들로 표현한 그림을 많이 그렸다.

비록 환경이 많이 바뀌어 예전의 풍류를 찾기는 어렵지만, 정선이 친구들과 자연을 벗 삼아 놀았던 발자취를 따라가 보다 보면 또 다른 맛을 느낄 수 있을 것이다.

옛 그림과 지도를 들고 옥인동 일대를 거닐어보라. 얼굴을 스치는 산들바람이 마치 옛 계곡에서 불어오는 바람처럼 느껴진다면 시·공감각의 흥취를 느끼는, 재미있는 그림 산책이 될 것이다.

10.
중인문화를 꽃피우다

청휘각晴暉閣과 송석원松石園

그림 1. 정선, 「청휘각」 『장동팔경첩』, 국립중앙박물관

조선 초기에 조세와 군역을 위한 자료로 활용하기 위해 조선 팔도의 자료들을 정리한 지리지地理志들이 있었다. 국가 주도로 만든 『세종실록지리지』, 『동국여지승람』 등이다.

그러나 임진왜란 이후 국가의 영향력이 약해지고 실사구시實事求是를 추구하는 실학사상이 등장하면서 새로운 형태의 지리지가 나오게 되었다. 단순히 지역 정보를 일목요연하게 서술하는 것뿐 아니라 문학과 예술성을 가미한 것이다. 그중 우리에게 가장 익숙한 책이 이중환의 『택리지擇里志』다.

조선 후기 '조선 르네상스'라 불리는 영조와 정조 시대에는 문화적 소양을 갖춘 지식인들의 이와 같은 열망이 더욱 커졌다.

겸재 정선은 서촌 일대 중에서 손꼽는 명승지를 시리즈로 그려서 그림책을 만들어 놓았다. 그것이 바로 『장동팔경첩壯洞八景帖』이다.

정선이 70대에 진경산수화의 대가로 자리를 잡고 자신의 생활 터전이자 자신과 교류했던 사람들에게 중요한 장소를 그려서 엮었다. 당시의 풍경뿐 아니라 풍습과 상황을 사진처럼 정확히 묘사했다는 점에서 기록물로서의 가치가 크다.

다행히 서촌 지역은 1960~70년대 개발의 시대에 오히려 제외된 장소였기에 다른 곳에 비해 자연 원형이 비교적 잘 보존되어 있다. 그래서 겸재의 시선을 따라가는 답사 활동이 제법 재미와 의미가 있는 곳이다.

『장동팔경첩』에 수록돼있는 「청휘각晴暉閣」 역시 서촌의 팔경 중 하나로 옛 모습을 보여주는 그림이다. 청휘각은 현재 종로구 옥인동 47번지 부근에 있었던 정자다.

정선이 70대 중반에 그린 그림으로 그의 농익은 화법을 느낄 수 있다. 계곡 사이로 청휘각이 고즈넉하고 선명하게 그려져 있다. 사모 기와지붕, 단순한 사각기둥의 개방된 형태인 청휘각 주변을 버드나무 등이 둘러싸고 있고, 암벽 밑에서 흐르는 시내는 청휘각을 휘돌아나간다. 뒷배경인 인왕산과 북악산 사이 계곡은 안개에 쌓인 것처럼 처리해 청휘각을 도드라지게 그렸다.

겸재를 따라 서촌 그림을 많이 그린 권신응의 「북악십경 옥류동」과 비교해보면 청휘각의 위치를 더 명확하게 짚어볼 수 있다. 청휘각은 인왕산과 북악산 사이의 깊은 계곡인 옥류동천에 자리하고 있고, 그 아래에 제법 규모가 큰 기와집들이 있다. 그 기와집들이 김수항의 집 '육청헌六淸軒'이며 청

그림 2. 권신응, 「북악십경 옥류동」 1753, 개인소장

휘각은 바로 김수항이 육청헌 후원에 지은 정자다.

숙종 시절 노론의 영수였던 김수항은 김상헌의 손자로 무속헌에서 태어나 자랐다. 이곳에서 결혼해 일가를 이루었으나 점차 자손이 번성하고 벼슬이 높아지자 안국동과 옥류동 등 여러 곳에 집을 마련했다. 그중에 옥류동 집이 육청헌이고, 그 후원에 지은 정자가 청휘각이다.

김수항은 자신의 문집 『문곡집文谷集』에서 청휘각을 설명하고 있다.

'나의 옥류동 거처지에 새로 청휘각을 지었다. 조촐하나마 수석의 승경이 있었지만, 감히 남에게 시를 지어 달라고 해서 치장하지 않으리라 마음먹었다. 그런데 호곡(壺谷:남용익) 사백이 먼저 율시 한 편을 지어 보내셨고, 매간(梅磵:이익상) 대감 형이 또 이어서 이를 화답해 주었으니 문득 산속 집이 이로부터 광채가 나는 것을 느꼈다…반생을 수석(水石)에 눈멀어 있다가, 늙은 나이 물러나 사니 산속 우레 소리 얻었다. 처마 끝에 자는 안개 옷에 스며 적시고, 베개 밑에 나는 샘물 꿈속을 어지럽힌다. 이 동문(洞門)으로부터 물색(物色)을 더해가니, 옛친구 보배로 여겨 시 지어 보낸다.'

김수항의 글에 화답하듯 남용익은 『호곡집壺谷集』에 '청휘각'이란 시를 남겼다.

옥동은 안개 노을 그윽한 신비스러운 곳
청휘각 높은 정자 세상 먼지 밖일세
가을비 집집마다 밭뚝길을 적시니
폭포수 구르는 소리 청산의 천둥소리네
버들잎 나풀대고 물고기 무리 흩어지고
나무 그늘 깊은 데선 꾀꼬리 소리네
흐뭇하여 놀이꾼 돌아갈 길 잊은 채
머뭇거리다 보니 추녀 끝에 달 오르네

옥인동의 청휘각 옛터는 지금도 수풀이 우거져 있어서 신비스러움과 자연의 물소리 새소리 들만 가득한 곳이다. 청휘각 옛터를 바로 내려오면 큰 바위가 도드라지고 그 남쪽 사면에 '玉流洞'이란 바위 각자가 있다.

이 일대는 일제강점기에 주택지로 변모하여 우후죽순 집들이 들어서면서 옛 모습을 잃어버려 바위 각자의 존재도 잊혔었다. 그러다가 2019년 집을 철거하던 중 바위 각자가 드러나면서 청휘각 터와 옥류동천 이름도 제자리를 찾게 되었다.

그림 3. 2019년 발견된 '옥류동' 바위 각자, 2023
그림 4. '옥류동' 바위 각자 위에서 바라본 서울 시내, 2023

양반 문인들이 시 모임을 열던 청휘각 일대는 18세기에 들어서면서 다양한 사람들이 즐기는 장소로 변한다. 이곳은 중인 출신의 위항시인(委巷詩人, 좁은 골목길의 시인)들의 모임인 옥계시사玉溪詩社 혹은 송석원시사松石園詩社 등의 모임 장소가 된다. 양반 중심의 시 문화가 중인계급으로 확장된 것이다.

조선 후기 실학사상의 전파와 근대적 상공업의 발달은 중인계급의 성장을 가져왔고, 그들은 양반문화를 즐길 수 있는 경제적인 여유도 생겼다. 중인계급은 새로운 시대의 문화인으로 성장했다.

대표적인 위항시인으로 천수경千壽慶을 꼽는다. 호가 송석원松石園인 그는 당대 최고의 문화인으로 평가받는다. 천수경은 중인출신 문인들을 모아 자신의 호를 딴 송석원시사를 만들어 정기적으로 모였다. 거기서 주고받은 시를 기록해 시첩詩帖을 만들어 공유하기도 했다.

중인 문인들에 의해 형성된 '위항문학'은 새로운 문학운동의 주류로 도도한 물결을 이루게 된다. 어느새 한양의 문인들 사이에는 위항문학에 끼지 못하면 시류에 뒤떨어진다는 분위기가 형성됐다.

조선 후기의 풍속 화가인 김홍도金弘道의 그림에는 이런

그림 5. 김홍도, 「송석원시사야연도」, 한독의약박물관
그림 6. 이인문, 「송석원시사아회도」, 한독의약박물관

시문학 동아리의 현장을 그린 그림이 있다. 시인들이 밤에 송석원에 모여 시를 나누는 모습을 그린 것이 「송석원시사야연도松石園詩社夜宴圖」다.

김홍도는 시사를 연 달밤에 9명의 선비가 자리를 잡고 시흥에 취한 순간을 그린 듯하다. 장소는 'ㄱ'자 형태의 초가집인데 후원에는 제법 넓은 공터가 있고 주변에 송림이 가득하여 다른 사람의 방해를 받지 않는 곳이다. 이곳이 바로 천수경의 집인 송석원이다.

김수항의 기와집 육청헌과 비교하면 천수경의 초가집 송석원은 초라하게 보이지만, 송석원 일대 넓은 산록은 한양을 조망할 수 있는 넓고 높은 공터였음이 그림에서 잘 나타난다.

송석원에는 추사秋史 김정희金正喜가 직접 바위에 새긴 '松石園'이라는 각자가 있었다. 천수경이 죽기 1년 전 추사에게 부탁했다고 한다. 이인문이 그린 「송석원시사아회도松石園詩社雅會圖」에는 큰 바위에 세로로 새긴 '松石園'이 정확하게 보인다.

그러나 현재 이 바위 각자의 정확한 위치는 찾을 수 없다.

천수경 소유였던 송석원 일대는 일제강점기에 윤덕영(1873~1940)의 소유로 넘어가게 된다. 1912년에 작성된 '경

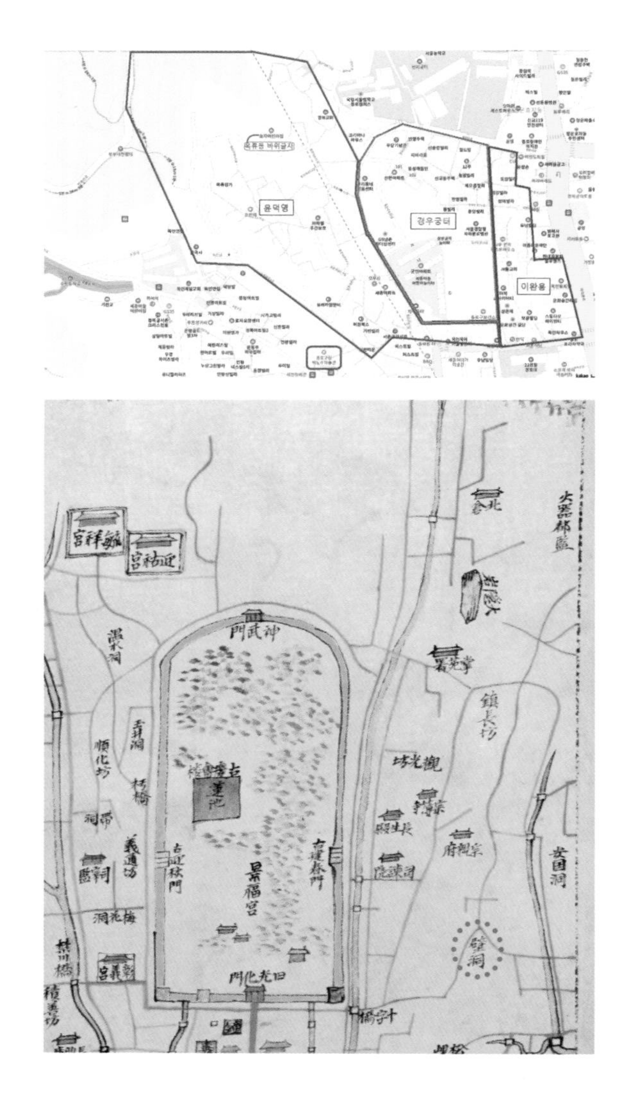

그림 7. 송석원 일대 일제강점기 토지 소유 현황, 카카오 맵
그림 8. 벽동 일대, 김정호, 「청구도」, 국립중앙도서관

성부 관내 지적목록'에 의하면 옥인동 일대 8개 지번의 대지(총 1만281평)가 윤덕영의 소유로 되어있다. 옥인동 전체 대지의 37%다. 1927년에는 더 늘어나 33개소 지번의 대지(총 1만9467.8평, 옥인동 전체의 53.5%)를 소유하기에 이른다.

윤덕영은 마지막 황태자 순종의 비가 된 윤비의 큰아버지다. 그런 배경으로 정계의 중요한 인물로 급부상하면서 송석원 일대를 소유하게 된 것이다.

황성신문 1906년 12월 15일 자에 '북서 벽동부장(碧洞副將) 민병석 씨의 가사를 고 의정 윤용선 씨의 장손 덕영 씨가 일백십이만 냥에 매수했다'라는 기사가 있다.

북서의 벽동碧洞은 당시 안동별궁 자리로 풍문여고가 있다가 현재는 서울 공예박물관으로 바뀌었다. 1906년에 윤덕영이 민병석의 집을 샀다는 내용으로 1906년은 바로 윤덕영의 조카 윤비가 순종의 계비로 채택된 바로 그 해다.

조선일보 1926년 5월 31일 자에는 '경술국치 당시 황제의 어보가 어떤 연유로 윤 자작의 집에 약 열흘 동안 유하게 됐는데 다른 공로도 있지만, 귀중한 어보를 잘 간수하느라고 애를 쓴 공로로 46만 원의 공채증권이 내리게 됐다'라는 기사가 있다.

윤덕영이 1910년 경술국치 때 일제에 나라를 넘기는 데 적극적으로 협조한 공으로 일본 정부로부터 자작의 칭호와 함께 46만 원의 공채를 받았다는 내용이다.

윤덕영은 이 돈을 바탕으로 옥인동 47번지 일대를 매입하고, 아방궁이라는 별명까지 얻은 '벽수산장'을 짓는다.

송석원 자리에 지어진 벽수산장은 1924년 동아일보 '내 동리 명물'로 소개되기도 했다. 벽수산장은 인왕산 품 안에 자리한 프랑스풍 3층 건물이고, 600평이 넘었다고 한다.

그 이전인 1921년 7월 27일 자에는 벽수산장 공사 관련 기사가 있다. '공사 시작 10년이 넘었고 공사비도 30만 원'이라는 내용이다. 당시 기와집 한 채 가격이 1천 원이었다고 한다. 30만 원이면 기와집 300채를 살 수 있는 금액이다.

엄청난 공사 기간과 공사비용은 세간의 놀림거리가 됐고, 윤덕영은 신문에 자주 조롱거리로 등장했다.

얼마 후 윤덕영이 파산하자 벽수산장은 그가 믿었던 신흥 사이비종교 '홍만자회紅卍字會' 소유로 넘어가게 된다. 소유는 넘어갔으나 홍만자회 조선지부장이었던 윤덕영은 벽수산장 옆에 99칸 한옥을 지어서 후처와 함께 살았다. 지금도 99칸 한옥의 일부는 쇠락해진 모습으로 남아 있다.

그림 9. 1930년대 '벽수산장' 모습과 박노수미술관 일대, 서울역사박물관
그림 10. 현 박노수 미술관, 2023

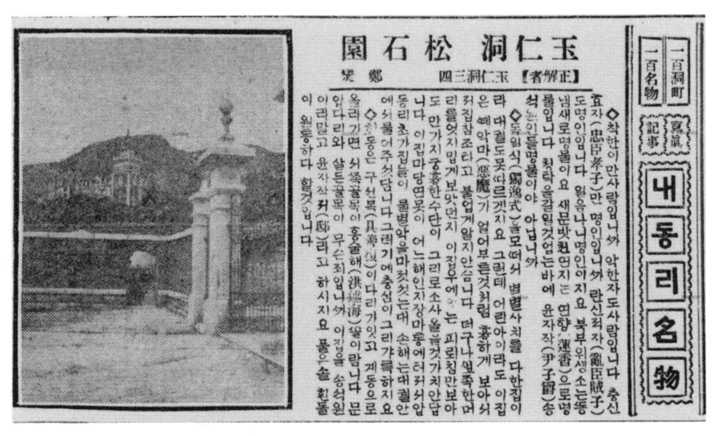

一百洞町 一百名物

寫眞記事

내동리名物

玉仁洞 松石園

【正解者】 玉仁洞三四 鄭棨

◇착한이만사람입니까 악한자도사람입니다 충신효자(忠臣孝子)만 명인입니까 란신적자(亂臣賊子)도명인입니다 읽음나니명인이지요 북부위생소는똥냄새로명물이요 새문밧궈면지는 련향(蓮香)으로명물입니다 치타을갈일것업는바에 윤자작(尹子爵)송석원인들명물이야 아닙니까

◇독일식(獨逸式)을모떠서 별별사치를 다한집이라 대궐도못따르겟지요 그런데 어린아이라도 이집은 예악마(惡魔)가 얼어부튼것처럼 흉하게 보아서 커집참조타고 불업게알지안슴니다 더구나섬죽한머리를엇지밉게보앗던지 이집우에는 피뢰침만보아도 만가지궁흉한수단이 그리로소사올것가치안답니다 이집마당연못이 어느해인지장마통에터져서압동리초가집들이 물벼락을마젓섯는데 손해는대궐안에서물어주엇답니다 그러기에충심이 그리갸륵하지요

◇한동은 구선복(具善復)이 다리가잇고 계동으로올라가면 서쪽골목이 홍술해(洪述海)쌀이랍니다 문압다리와 살든골목이 무슨죄입니까 이집을 송석원이라말고 윤자작저(邸)라고 하시지요 풀으솔 한돌이 원통하다 할것입니다

그림 11. 1920년대 벽수산장 입구 돌기둥, 1924년 7월 21일 동아일보
그림 12. 빌라 입구가 된 벽수산장 돌기둥, 2023

윤덕영은 이후 300여만 원의 거액 부채로 법정 문제까지 제기되자 가족들을 버리고 베이징으로 달아났다. 이후 가세가 더욱 몰락하면서 그의 손자가 벽수산장 일대를 일본 미쓰비시에 10만 원에 팔았다.

벽수산장은 해방 후에 적산가옥으로 잠시 빈집으로 있다가 덕수 병원이 들어섰기도 했고, 6.25 전쟁 때는 유엔군 장교 숙소로 사용됐다. 1954년 6월부터 UNCURK(국제연합한국통일부흥위원회)에서 사용하다가 1966년 화재로 2, 3층이 타버렸다.

그래도 벽수산장의 형태는 유지하고 있었으나 1973년 옥인 아파트가 건설되면서 도로 정비 사업으로 완전히 철거됐다. 파란만장한 역사 속에 흔적도 없이 사라져 버린 것이다.

현재 그 자리에는 고급 단독 주택들이 들어서 옛 모습을 짐작하기 어렵다. 과거 벽수산장의 출입문으로 쓰였던 돌기둥만이 어느 빌라의 기둥으로 남아 있다. 도로에 면한 지점이 과거 출입구였음을 알려주고 있을 뿐이다.

윤덕영이 딸과 사위를 위해서 지었다는 건물은 박노수 화백의 집이었다가 2013년 종로구에 기증하여 현재는 '박노수 미술관'으로 이어지고 있다. 박노수 미술관에 가면

1930년대 서양식 건축양식과 한식 건축양식이 가미된 근대 건축의 특징들을 볼 수 있다.

현장 지리 수업은 일종의 '흔적 찾기'다. 그런 의미에서 옥인동은 훌륭한 현장 학습의 장소임이 틀림없다.

11.
마음을 깨끗이 닦는 언덕

세심대洗心臺

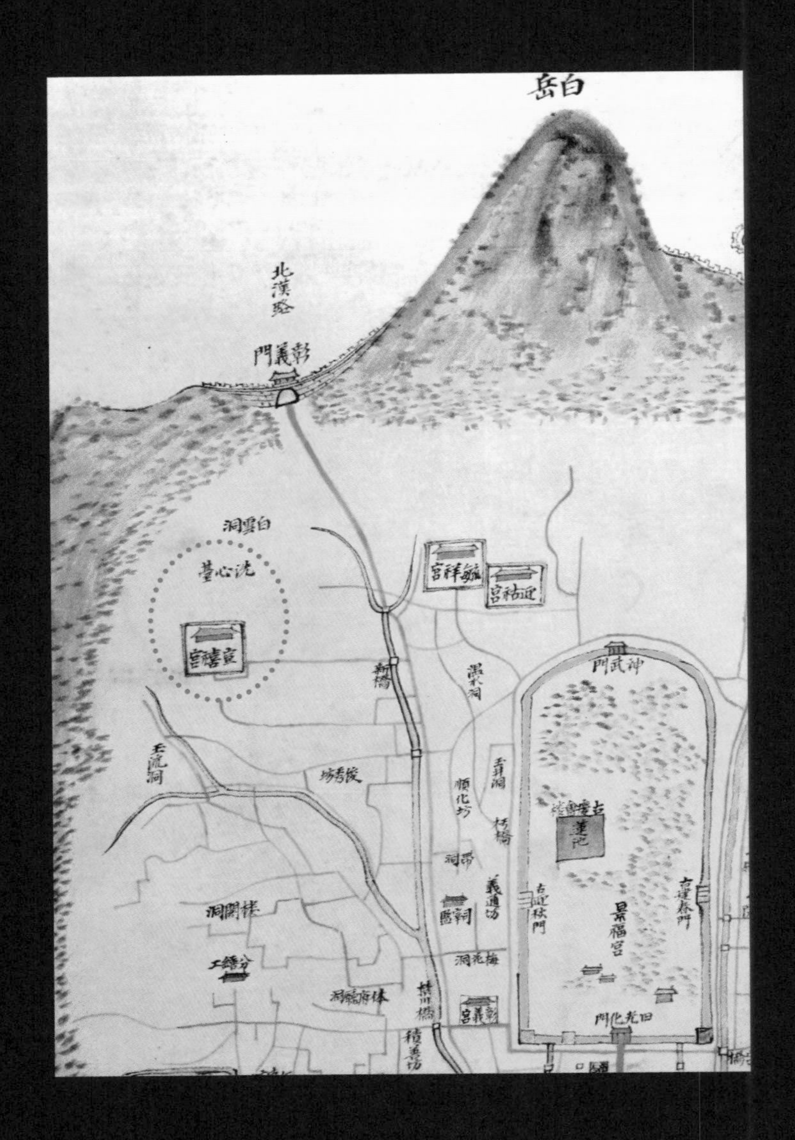

그림 1. 세심대와 선희궁 일대, 김정호, 「청구도」, 국립중앙도서관

마음이 흔들린다. 무언가를 계속 생각해도 어느 하나로 정해지지 않는다. 속상한 일이 계속 머릿속을 맴돈다. 이런 일들의 연속이 우리 현대인들의 삶이 아닐까.

어지러운 마음을 내려놓고 세속의 힘든 일에서 벗어나고 싶을 때 우리는 자연을 찾게 된다. 사람들은 그 자연 속에서 잠시 고통을 잊고 살아가는 힘을 얻곤 한다. 그래서 주말마다 붉고, 노란 색색의 등산복을 입은 산행객들이 산으로 가나 보다.

예전 우리 선조들도 그러했으리라. 한양 장안에 흩어진 마음을 잡고 싶은 사람들이 자주 드나들던 장소가 있었다. 바로 '세심대洗心臺'다. 김상헌의 「근가십영近家十詠」 등 서촌 관련 문헌에 자주 소개되는 세심대는 옥류동과 청풍계 사이 서촌의 중앙부, 가장 높은 언덕에 있었다.

김정호의 「청구도靑邱圖」에서 보면 북악산 남서쪽에 선희궁(宣禧宮, 사도세자의 생모인 영빈 이씨의 신주를 모신 사당) 이 자리하고 그 위쪽에 세심대가 있다. 세심대는 '마음을 깨끗이 닦는 언덕'이라는 말 그대로 탁 트인 조망권을 가진 곳으로 현재 그곳이 어디쯤인지 한번 찾아보자.

세심대에 대한 기록은 『조선왕조실록』에 여러 차례 나온다. 특히 정조실록에는 열여섯 차례나 기록되어 있다. 아버지 사도세자와 관련 있는 곳이기 때문이다.

정조는 매년 3월 사도세자를 그리워하며 선희궁을 참배하고 세심대에 올라 신하들에게 술과 음식을 내리고, 꽃구경, 시 짓기, 활쏘기 등을 하며 쉬었다.

영조 40년(1764년)에 사도세자 탈상 후 묘역 건립 지역에 대한 사전 조사를 위해 「세심궁도형洗心宮圖形」이 작성됐다. 「세심궁도형」에는 동서남북 네 방위가 표시되어 있어 세심궁 주변의 위치를 파악하기 쉽다. 북서쪽에 두 개의 봉우리가 보이는데 그 아래에 '세심대'라고 써놓았다. 이 두 봉우리는 인왕산의 산록으로 청풍계의 화강암 바위들을 표현한 것으로 보인다.

정조실록에 보면 영조는 사도세자의 사당인 '경모궁景慕宮'을 세심대 아래에 지으려고 했으나 사도세자를 끌어내렸던 신하들의 반대를 꺾지 못하고 현재 연건동 서울대병원 자리로 옮겨 짓게 된다.

'상이 근신들과 함께 세심대에 올라 잠시 쉬면서 술과 음식을 내렸다. 상이 오언근체시 1수를 짓고 신하들에게 화답

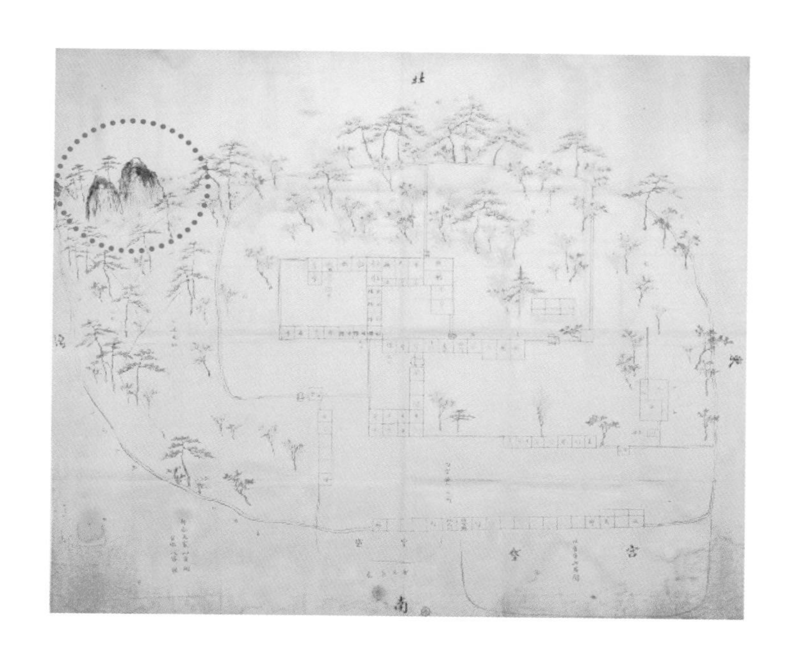

그림 2. 세심대 일대, 「세심궁도형」, 국립중앙박물관

하는 시를 짓도록 하였다. 이어 이르기를 "임오년(영조 38년, 1762)에 사당을 지을 땅을 결정할 때 처음에는 이 누각 아래로 하려고 의논하였으나 그때 권흉(權兇, 권력을 함부로 휘두르는 사람)이 그 땅이 좋은 것을 꺼려서 동쪽 기슭에 옮겨 지었으니 지금의 경모궁이 그것이다. 그러나 궁터가 좋기로는 도리어 이곳보다 나으니 하늘이 하신 일이다. 내가 선희궁을 배알할 때마다 늘 이 누대에 오르는데 이는 아버지를 여읜 나의 애통한 마음을 달래기 위해서다" 하였다. 누대는 선희궁 북쪽 동산 뒤 1백여 보가량 되는 곳에 있다.'*

세심대는 어느 시대에나 항상 명승지로 소개됐다. 『한경지략漢京識略』에는 '인왕산 아래에 있다. 선희궁 뒤 돌벼랑에 세심대 석 자가 새겨져 있다. 봄날 꽃구경하기에 적당하다'라고 설명하고 있다.

순조 때 김매순이 지은 세시 풍속 자료집 『열양세시기洌陽歲時記』에는 세심대에 대해 '필운대와 같이 꽃나무가 많아서 봄의 꽃구경은 장관이다. 영조· 정조· 순조· 익종이 여기에 자주 거동하고 한 달 동안 사람들이 구름같이 구경했

* 정조실록 32권, 정조 15년 3월 17일(1791년). 이외에도 정조는 여러 차례 세심대에 오른 기록이 있다.

다. 세심대는 선희궁 뒤 산줄기에 있다'라고 기록했다.

또한 1909년 서북학회월보에는 '경성에서 꽃놀이하기 좋은 3월이 되니 남산의 잠두봉과 북악산 근처의 필운대와 세심대가 상춘객들이 모이는 장소'라고 소개하고 있다.

세심정은 원래 16세기 이향성(李享成, 1524~92)이라는 미관말직 벼슬아치의 정원이었다. 심수경의 『견한잡록遣閑雜錄』에 보면 '한양에 이름이 있는 정원이 한둘이 아니지만, 특히 이향성의 세심정의 경치가 가장 좋다고 하였다. 세심정의 정원 안에는 높은 누대가 있고 그 누대 아래에는 맑은 샘이 콸콸 흐르며 그 곁에는 산이 있어 살구나무가 많아서 봄이 되면 만발해 눈처럼 찬란하고 다른 꽃들도 많았다'라고 기록되어 있다.

이향성은 사산 감역관四山監役官이라는 낮은 벼슬을 했었다. 사산 감역관은 한양 도성을 연결하는 북악산·인왕산·남산·낙산의 성곽과 주변의 송림을 지키는 종9품의 무관직 벼슬이다. 그런데도 노년에 인왕산 근처에 세심정을 짓고 살았다는 것으로 보아 이향성이 인왕산 지역을 담당관이었을 것이다.

세심정이 임진왜란 때 불타자 이향성의 3남 이정민이 재건했다. 하지만 이정민의 묘비에 따르면 그 아름다운 경치에 반한 광해군이 관직을 주는 대신 빼앗아 갔다고 한다.

세심대에 대한 기록은 그 후 한동안 없다가 약 100년이 지나 영조 대에 다시 등장한다. 숙종의 계비였던 인현왕후가 폐위돼 서인의 신분으로 있을 때 몸을 조리하던 질병가疾病家로 사용됐다고 한다.

이후 정조 때에는 문인 박준원(朴準源, 1739~1807)의 소유로 나온다. 박준원은 문집 『금석집錦石集』에 '예전 우리 조부께서 숨어 사시면서 도를 즐겨 인왕산 아래 집을 짓고서 집에 들어가면 도서와 사적, 시와 예학을 즐기시고 집을 나서면 소나무와 대나무, 꽃나무 아래에서 노니셨소'라며 할아버지가 세심대 일대에 집을 짓고 살았음을 알리고 있다.

1787년에 박준원의 셋째 딸 수빈 박씨가 정조의 후궁으로 간택되면서 세심대는 다시 왕실과 인연을 맺게 됐다. 수빈 박씨는 1790년 순조, 1793년 숙선옹주를 낳았으므로 박준원은 순조의 외조부가 된다.

세심대 주변은 순종 2년(1908)에 또 한 차례 변화를 겪는다. 세심대 아래 선희궁이 육상궁으로 옮겨진 것이다. 그리고 일제강점기인 1912년, 선희궁 자리에 조선총독부 산하 의료기관인 제생원 양육부가 들어섰다.

「제생원 양육부 이축 공사배치도」는 선희궁 터를 제생원으로 만드는 과정의 실측 지도다. 이 지도의 북서쪽에 붉은 점선으로 표시한 부분이 바로 세심대로 추정된다. 지도의 아래쪽에 제생원 건물들이 있고, 등고선이 조밀하게 난 산비탈을 오르면 넓은 공터가 나오는데 여기가 바로 세심대 터다.

1921년에 발행된 『조선총독부 제생원 요람』을 살펴보면 제생원 양육부의 성격과 설립 배경에 대해서 알 수 있다. 제생원은 경성고아원의 사업을 계승하기 위해 1911년 6월 조선총독부령으로 창립됐다. 요람에는 '제생원은 양육부와 맹아부로 구성돼 있으며, 양육부는 1912년 4월 1일부터 업무를 시작하고, 맹아부는 그보다 1년 후인 1913년 4월 1일부터 업무를 시작했다'라고 기록되어 있다.

양육부는 주로 고아를 양육 보호하는 기능이었고, 맹아부는 시각장애인과 청각장애인에게 침술 및 안마 등 직업교육을 하는 곳이었다.

얼핏 보면 조선총독부의 제생원이 우리나라 근대 특수교육기관의 시초인 것처럼 보이나 '경성고아원의 사업을 계승하기 위해'라는 문구에서 보듯이 이미 대한제국 시기에

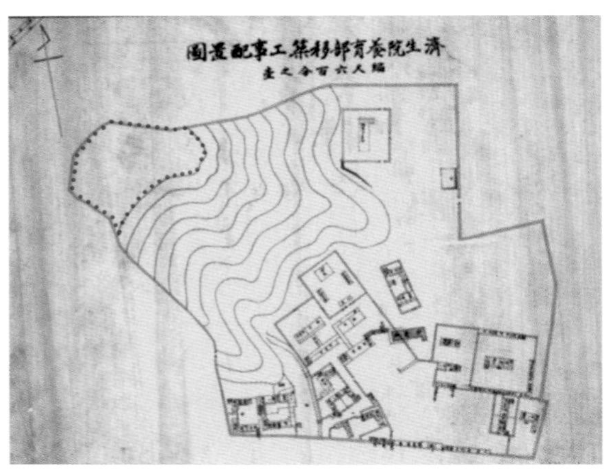

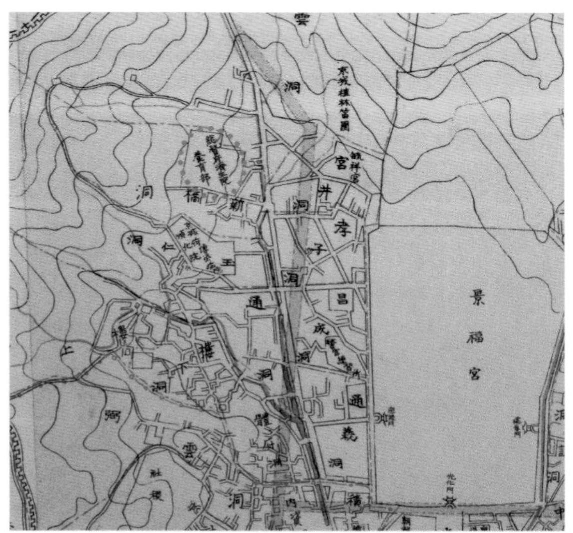

그림 3. 세심대 일대, 「제생원 양육부 이축 공사배치도」, 국가기록원
그림 4. 총독부 제생원 양육부로 변한 선희궁, 1914,
「경성부 명세신지도」, 서울역사박물관

약자를 위한 사회사업은 시작됐다.

각종 자료에 의하면 1905년 관료 출신인 이우선李愚璿이 한성부 중부(현 종로 관철동) 육의전의 집을 사들인 후 보생고아학교를 설립했다. 보생고아학교가 바로 경성고아원의 전신이다. 보생 고아학교는 한국인이 고아를 위해 설립한 최초의 시설이었으며 설립 당시부터 많은 관심을 받았다.

대한매일신보 1906년 3월 7일 자에 다음과 같은 기사가 있다.

'부모 없고 지아비 없는 과부들은 천하에 가장 궁휼한 사람들이다. 이 중에서 고아는 가장 어려워 도로에서 행려 생활을 하다가 굶어 죽고 병들어 죽는다… 이미 개화된 인접 국가에서는 고아원을 설치하여 교육하는데 아직 한국에서는 이런 일이 없더니 전라도에 사는 이우선이 이런 자비로운 마음으로 보생고아학교를 세우고 50여 명의 고아를 모집하였다… 이우선은 2천만 동포를 대표하여 대한민국의 최초의 일을 행하고 있다.'

또 4월 18일 자 기사에서는 다음과 같이 소개했다.

'보생고아학교에 지난 토요일에 한국 황제폐하께서 궁내

부 주사 김성연을 특파하시어 그 학교의 창설한 것을 가상히 하문하시기로 그 교장 이우선 씨가 간사 여러 사람과 학도 등으로 회를 구성하고 만세 삼창하얏다더라.'

한국 최초의 고아원은 황실과 각계각층의 적극적인 후원에서 불구하고 창립 3년째에 이미 원생의 수가 200명이 넘어가며 경영난에 시달렸다고 한다. 더구나 1910년 대한제국이 망하면서 결국 1911년 조선총독부 제생원으로 흡수되게 된다.

하지만, 대한제국 시기에 이미 근대적 사회복지사업이 개인의 자발적 추진과 국가적 후원으로 뿌리를 내렸다는 것은 매우 의미 있는 일로 평가받을 수 있다.

경성고아원의 역할을 대신한 제생원 양육부는 처음에는 서대문 천연동에 있다가 1912년 12월 옛 선희궁 터로 이전했다. 그러나 1년 후 생긴 맹아부가 점차 확장되면서 1931년 이 자리를 맹아부에 넘겨주게 된다.

맹아부는 광복 이후 국립맹아학교로 개칭됐으며, 이후 농학교와 맹학교로 분리돼 지금의 국립서울농학교와 국립서울맹학교로 이어져 왔다. 결국 세심대와 선희궁 일대가 대한민국 특수교육기관의 중심지로 성장한 것이다.

그림 5. 1920년대 제생원 양육부, 서울역사박물관
그림 6. 국립맹학교 은행나무(공손수), 2015

조선총독부 제생원 양육부 전경 사진에서 뒤쪽에 보이는 산이 바로 백악산(북악산)이다. 그 아래 붉은 점선으로 표시된 큰 나무가 공손수(은행나무)로 현재도 국립맹학교 정문을 지나면 바로 반겨준다. 수령이 500년은 넘은 은행나무다. 사진 왼쪽으로 경사져 올라가는 산줄기가 보인다. 이 산줄기 제일 상단부가 정조가 자주 올랐다는 세심대 터다.

현재 국립맹학교 뒤로 가면 선희궁의 부속건물 하나가 여전히 자리를 지키고 있어 이곳이 선희궁 터였음을 증명하고 있다. 그 건물을 돌아서 뒤쪽으로 산비탈을 힘겹게 오르면 정자 하나를 만날 수 있다. 비록 지은 지 얼마 되지 않은 정자지만, 비탈을 오르며 어지러운 마음이 정돈되고 탁 트인 자연을 보는 순간에 걱정거리가 사라지니 이곳이 바로 세심대가 아니고 무엇이랴.

국립맹학교가 세심대와 선희궁 터에 자리하고 있다는 사실은 매우 의미심장하다. 국립맹학교는 장애인들에 대한 편견과 차별을 일삼는 현대인에게 사회적 약자를 위한 새로운 마음을 갖게 하는 교육의 요람이다. '마음을 깨끗이 씻는(洗心)' 세심대와 일맥상통한다. 장소성(Placeness)의 연속이라는 면에서도 그 의미가 크다.

12.
독립정신 요람이 될 뻔한 요정

백운동白雲洞과 백운장白雲莊

그림 1. 정선, 「백운동」 『장동팔경첩』, 국립중앙박물관

태조 이성계는 한양을 조선의 수도로 정하면서 모두 여덟 개의 문을 두었다.

동쪽에 흥인지문, 서쪽에 돈의문, 남쪽에 숭례문, 북쪽에 숙정문 등 동서남북에 크게 네 개의 대문을 두고, 대문 사이에 작은 문을 하나씩 두었다. 북동쪽에 혜화문, 남동쪽에 광희문, 남서쪽에 소의문, 북서쪽에 창의문(속칭 자하문)이다.

이 중에서 창의문 성곽을 사이에 두고 북쪽은 부암동이라 하고, 남쪽은 백운동白雲洞이라 했다.

18세기에 제작된 「도성대지도」에서 보면 왼쪽 위로 창의문과 북악산으로 이어지는 성벽이 그려져 있다. 창의문 남쪽 아래로 흐르는 하천이 백운동천이고, 인왕산 남동쪽에서 발원한 개천이 합류하는 그 일대에 백운동이라는 지명을 적어 놓고 있다.

백운동천은 인왕산과 북악산 사이 계곡에서 발원하여 청풍계와 합쳐져서 청계천으로 흘러가는 물길로 현재는 복개되어 왕복 6차로의 자하문로에 해당한다.

백운동은 자하문(창의문) 안쪽에서 한양의 전경을 바라볼 수 있는 높은 곳이었다. 이름 그대로 마치 신선이 사는 동네처럼 구름 낀 계곡이 있어서 한양의 명승지 중 하나였다.

그림 2. 백운동 일대, 「도성대지도」, 18세기, 서울역사박물관

『동국여지비고』에서는 백운동을 '그 골 안이 깊고 그윽하며 냇가와 바위가 아늑하고 아름다워 놀며 즐기기에 좋은 곳'으로 묘사했다.

정선 역시 이 그윽한 백운동의 정취를 그림으로 남겼다. 『장동팔경첩』에 「백운동」이란 화제로 수록돼있다.

인왕산과 북악산 사이 창의문 바로 아래 깊은 계곡에는 맑은 시냇물 소리가 들리는 듯하고, 명문대가의 집인 듯 보이는 기와집이 있다. 계곡을 따라서 버드나무와 소나무 군락이 있고, 시종을 대동한 선비가 나귀를 타고 백운동천으로 들어가고 있다.

백운동 지역은 세월이 지나면서 여러 차례 변화를 겪게 되는데 근현대에 이르러 어떻게 변했는지 살펴보고자 한다. 일단 백운동이라는 이름은 1914년 일제가 청풍계와 백운동의 글자를 따서 '청운동'으로 마을 이름을 바꿔버렸다.

1936년에 발행한 「경성부대관」에는 '백운장白雲莊'이라는 이름이 보인다.

백운동 일대에 살던 청풍계 마지막 주인공은 김가진(金嘉鎭, 1846~1922)이다. 김가진은 김상용의 12대손이었으나 서자의 신분으로 청풍계에서 자랐다.

그림 3. 1936년 제작된 「경성부대관」에 '백운장'이 크게 표시돼 있다
그림 4. '백운동천' 바위 각자, 2023

백운장은 원래 김가진의 별장으로 지금의 청운동 1번지부터 10번지까지 1만여 평에 이르는 매우 넓은 집터였다. 김가진이 직접 쓴 '백운동천白雲洞天' 바위 각자를 배경으로 자리 잡은 백운장은 그가 젊은 개화파인 김홍집, 유길준, 홍영식 등과 교류하던 주요 무대였다.

김가진은 근대 문물에 밝았고, 일본어 · 영어 · 중국어에 능통했던 것으로 알려졌다. 32세라는 늦은 나이에 정계에 입문했으나 격동의 시기에 총 6년간 일본 공사로서 조선의 자주외교를 위해 노력했다. 1904년에는 법부대신이 됐고, 창덕궁 후원인 '비원祕苑'을 총관리하는 장을 겸임하게 된다. 김가진이 비원 중수공사를 잘 마치자 고종은 남은 자재를 김가진에게 하사했다고 한다. 이 자재를 이용해서 백운장을 지었다는 이야기도 있고, 백운장은 이미 있었기 때문에 그 자재로 증축이나 개축을 했을 거라는 주장도 있다.

김가진은 1905년 을사늑약이 체결되자 대한협회 창설에 앞장서고, 제2대 회장이 되어 자주 국가로 다시 일어서는 길을 찾고자 했다. 그러나 1910년 일본과 강제 병합되고 대한협회도 해산되자 그는 백운장에서 칩거 생활에 들어갔다.

1919년 3.1운동이 일어나자 그는 조선 독립을 위해 '조선민족대동단'이라는 비밀단체를 설립했다. 그 후 대동단 본

부를 임시정부가 있는 중국 상해로 옮기고 임시정부에서 독립운동을 한다.

김가진의 백운장은 1916년 일본인에게 넘어가게 된다. 1912년 작성된 「경성부 북부 청운동 토지조사부」에는 청운동 5번지(대지 135평), 6번지(대지 1,357평), 7번지(전 1,423평) 등 대지와 전 2,915평이 김가진 소유로 돼 있었다. 하지만 1917년 제작된 「경성부 관내 지적목록」에는 일본인 실업가 츠다 가지오(津田鍛雄) 소유로 바뀌었다.

장명국의 책 『대동단 총재 김가진』에 이 과정을 설명하는 부분이 있다.

> '1916년 4월경에 갑자기 가옥과 대지를 강제 집행 처분당했고 일본 관리에게 퇴거명령을 받았습니다. 뜻밖의 사유에 분개해 그 사유를 조사하였더니 자가서생(청지기) 방치선이 주인의 인장을 도용해 당시 시가 8만 엔으로 추산되는 가옥과 대지를 7천 엔에 전당이 잡힌 형식하에 경락되게 한 것이었습니다.'

이는 해방 후인 1946년 미군정청 사법부 소청국에 제출한 소청원 내용 중 일부다.

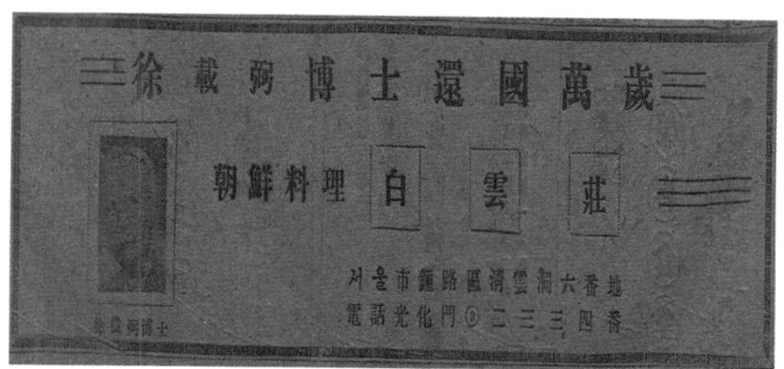

그림 5. 백운장 홍보 엽서, 서울역사박물관
그림 6. 백운장의 서재필 박사 귀국 환영 광고, 독립신문 1947년 7월 5일

일본인 소유로 넘어간 백운장은 여러 명의 손을 거쳐 1930년 고급 요정인 청향원淸香園의 분점 요정으로 재탄생하게 된다. 1915년 개업한 청향원은 명동에 있었으며 청운동에 분점으로 백운장을 운영한 것이다.

'장안의 으뜸'으로 평가받은 백운장은 경성의 대표적인 명물로 선정되어서 관광객을 위한 엽서도 제작됐다. 그때 만들어진 백운장 엽서에는 백운동 계곡에 있던 많은 기와집이 보인다.

1945년 해방 이후 적산가옥으로 정부 소유가 된 백운장은 역사적인 장소로 변신한다. 환국한 서재필(徐載弼, 1864~1951) 박사의 환영회를 했던 곳도 백운장이었고, 1947년 보스턴 마라톤 대회에서 우승한 서윤복徐潤福 선수와 손기정孫基禎 감독 환영회가 있었던 장소도 백운장이었다.

1948년에는 이 백운장 터에 독립군 양성기관이었던 신흥무관학교新興武官學校 정신을 잇는 신흥전문학원을 세우자는 계획이 나오기도 했다. 아마 백운장의 최초 소유자였던 김가진의 독립운동 정신과 연관된 것으로 보인다. 독립정신을 잇고자 하는 이 계획은 구체적인 협상이 이뤄졌다는 신문 기사가 나오기도 했으나 결국 무산되고 말았다.

이후 백운장은 화남장華南莊으로 이름이 바뀌는 등 1960

新興專門校舍
白雲莊을
接收交涉

과거일제시 만주(滿洲)에서 李始榮선생 주관하에 新興武官學校로서 조국광복에만흔일군을 훈육하여오다가 해방후 李始榮선생의환국과함께 작년二月부터 新興專門學校로 재출발한바 一般의재단을확립하는한편 白雲莊을교사로 접수키로 적극추진중이라하며 근일大學認可도 완료될것이라한다

그림 7. 신흥전문교사, 1948년 3월 14일, 민중일보
그림 8. 자하문터널 입구 오른쪽,
예수그리스도 후기성도교회 옆길로 가면 백운장 터를 볼 수 있다, 2023

그림 9. 백운장의 흔적이 남아있는 터, 2023

년대 초반까지 여전히 화려한 요정으로 사용되었다.

백운장은 1961년 5·16쿠데타로 박정희 정부가 들어서며 60년간의 영욕을 마감한다. 총 3만2,000㎡인 백운장 터 중 일부인 1만4,000㎡를 '예수그리스도 후기성도교회(모르몬교)'에 매각한 것이다. 나머지는 서울시와 정부의 소유로 보존되었으나 백운장 건물을 허문 다음 방치하고 있어 지금은 잡목만이 무성한 숲으로 변했다.

현재 예수그리스도의 교회를 지나 수풀을 헤치고 가면 백운장의 흔적을 볼 수 있다. 수도와 화장실 바닥에 사용했던 타일, 지붕을 헐고 남은 기왓장들, 그리고 마당 장식품이었을 3층 석탑도 남아 있다.

역사적으로 의미 있는 이곳에 '신흥전문학원'이 세워졌다면 어땠을까 상상해본다. 미래세대에게 독립을 위한 선구자들의 피땀을 가르치는 역사교육의 장소가 되지 못한 아쉬움이 많이 남는다.

2023년 6월 13일 자 동아일보에 모르몬교가 교회 터를 매각한다는 기사가 나왔다. 교회 측은 수년 전부터 매각을 추진해왔으며 최근에 연립주택을 짓겠다는 업자와 구체적인 협상을 했다는 내용이다. 교회 관계자는 "여러 이유로 아직 매각을 보류하고 재검토 중이지만, 여전히 팔 수도 있는 상황"이라고 말했다.

기사는 '백운장의 역사에는 우리 근현대사의 우여곡절이 그대로 담겨있다'라며 전문가의 말을 인용해 '서울시 등 공공이 나서 역사공원으로 만들어야 한다'라고 주장했다. 내 생각도 그렇다.

60년 전에 60년의 역사를 마감한 백운장. 해방 후에는 뜻을 이루지 못했으나 지금이라도 대표적인 문화유산으로 가꾸고, 독립운동을 조명하는 장소로 활용할 수 있으면 좋겠다.

13.
아름다움과 총소리가 뒤섞인 역사의 현장

자하동紫霞洞

그림 1. 정선, 「자하동」, 간송미술관

정선이 살던 유란동과 백운동은 지금은 사라진 지명이다. 자하동紫霞洞 역시 없어진 지명이다. 창의문의 속칭 자하문과 현재 청운동과 부암동을 연결해놓은 '자하문터널'에서 예전 자하동의 흔적을 찾아볼 수 있다.

자하동은 지금의 청운동 3, 4, 15번지 일대로 창의문 아래 북악산 기슭에 있던 동네 이름이다. 자하紫霞는 '신선이 사는 곳에 서리는 보랏빛 노을'이라는 뜻으로 자하동은 '신선이 사는 궁전'이 된다.

하지만 순우리말 '잣동'을 한자음으로 표기한 것이라는 해석도 있다. 한양 도성의 북쪽 성곽은 인왕산과 북악산 산등성이를 따라 쌓았으니 산마루를 뜻하는 '자' 또는 '재'가 그대로 성의 의미로 쓰이기도 한다. '잣'은 제주 지역의 중산간 목초지에 만들어진 목장 경계용 돌담을 일컫기도 한다. 고어가 살아있는 제주어의 특징으로 봤을 때 조선 시대 때는 성곽을 '잣'으로 불렀을 가능성도 크다. 그래서 '잣동'은 돌로 이루어진 성곽 동네를 말한다고 볼 수 있다.

정선은 북악산과 인왕산 자락에 살던 당시 명문가들과 깊은 관계였다. 정선은 「자하동紫霞洞」에서 북악산의 산세를 배경으로 누군가의 저택을 그렸다.

간송미술관 소장의 「자하동」은 창의문 바로 안쪽 가까이에 제법 규모가 큰 기와집을 확대해 그려놓고 있다. 사랑채로 보이는 집 전면에 높은 기단이 있다. 그 왼쪽 뒷면에는 'ㄱ'자로 굽은 안채로 보이는 기와집이 있고, 그 뒤에 세 칸으로 된 별채와 넓은 후원은 따로 담장을 둘렀다. 집 앞에는 키가 큰 나무들이 즐비하게 서 있다. 이 정도면 상당한 재력가의 집이다.

이 집은 과연 누구의 집일까 라는 질문으로 이야기를 시작해 보자.

기록에 남아 있는 자하동은 서울 장안에서 풍광 좋고 자연을 벗 삼아 놀기 좋고 임금이 부를 때 한달음에 갈 수 있는, 한양 제일 명당이었다.

중종 25년(1530)에 나온 『신증동국여지승람新增東國輿地勝覽』에는 '지중추부사 이염의李念義가 예전에 살던 곳'이라고 기록하고 있다.

지중추부사(知中樞府事 정2품)를 지낸 이염의(1409~92)는 세조의 왕비 정희貞熹 왕후의 형부로 당시 권력의 정점에 있었다. 이염의는 84세까지 장수하면서 이곳에 저택을 짓고 평생 호사를 누리며 살았다.

정선이 「자하동」에서 그린 저택은 '이염의가 살던 옛집'으로 추정한다.

그림 2. 정황, 「이안와수석시축」, 1789, 개인소장
그림 3. 자하동 일대에서 본 남산, 2023

이염의 옛집의 규모와 풍광을 자세히 들여다볼 수 있는 기록화 같은 그림이 또 하나 있다. 정선의 손자인 정황이 그린 「이안와 수석시축易安窩壽席詩軸」이다. 자하문 어느 대갓집에 모인 사람들이 즐거운 시회詩會를 하는 장면이다.

정황은 남기한南紀漢이란 양반이 1786년 회갑을 맞아 벗들을 불러 후원에서 시회를 하는 장면을 마치 사진처럼 그렸다. 남기한은 평생 야인으로 살면서 장안의 풍류객들을 모아 시와 음악을 즐겼던 인물이다.

남기한의 저택에는 후원에 별채가 따로 있었는데 그 이름을 이안와易安窩라 했다. 정황의 그림을 살펴보면 여덟 명이 방석 위에 앉아있고 늦게 도착한 두 사람이 막 입장하여 자리가 마련되기를 기다리고 있다. 화폭 왼쪽에 뾰족이 솟은 산은 자하동에서 멀리 보이는 남산이다. 후원은 이 집에서 가장 고도가 높은 곳이기에 충분히 남산을 한눈에 볼 수 있는 장소였다.

정황은 주변 자연환경을 그림에 남김으로써 그 장소의 위치와 방위를 알리고 있다. 정선의 「자하동」에서 담장을 별도로 조성한 후원이 바로 정황의 「이안와 수석시축」에 나오는 장소일 것이다.

30년 전 할아버지가 남쪽에서 북쪽을 바라보고 자하동을

그림 4. 자하문 일대, 경성부대관
그림 5. 1960년대 자하문 성터와 자하동 도로공사, 서울역사박물관
그림 6. 자하동의 현재 모습, 카카오 맵

그렸다면 30년 후 손자는 북쪽에서 남쪽을 바라보면서 자하동의 풍광을 그렸다. 정황도 이미 정선의 그림을 보았을 것이니 같은 장소를 다르게 보고 해석했다는 점에서 예술적 가치가 높다고 할 수 있다.

그림 3은 자하문 바로 아래에서 남산 방향을 바라보고 찍은 사진이다. 정황도 아마 이 지점 어디쯤엔가에서 그림을 그렸을 것으로 추측한다. 현재는 청운동 고급 빌라촌이 있는 곳으로 예전 산기슭을 절개한 이후에 택지로 만들었기 때문에 예전보다 고도는 조금 낮아졌을 것이다.

1936년 「경성부대관」 지도(그림 4)를 보면 자하문에서 내려오는 길은 현재 청운 빌라촌으로 내려와서 경기상고로 연결되는 길뿐이었다. 현재 자하문 바로 옆으로 청와대까지 연결되는 도로(붉은 점선)는 1960년대 말에 형성된 도로다.

자하문에서 시작하는 이 길은 한국 현대사에서 큰 영향을 끼친 사건의 장소이기도 하다.

1970~80년대 호국보훈의 달인 6월이 되면 각급 학교에서는 '반공 웅변대회'가 뜨거운 열기 아래 진행됐다. 흙먼지 날리는 후텁지근한 운동장에 모인 학생들은 연단에 올라선 연사들의 가냘프면서도 뜨거운 목소리에 저도 모르게 가슴

한쪽이 뭉클해지곤 했다.

초등학교 친구 중에 학교 성적은 별로였지만 매년 '반공 웅변대회'에서 대상을 거머쥐고 지역대회에서도 곧잘 상을 타오던 아이가 있었다. 때론 강력하게, 때론 작은 소리로 호소력 있게 울부짖는 그의 웅변은 누구라도 주먹을 불끈 쥐게 하는 마력이 있었다.

그런데 반공 웅변대회는 언제부터 시작되었을까.

1949년 12월 10일 자 조선일보 기사에 따르면 이때 '대한청년단'이 '반공 강조 웅변대회反共 强調 雄辯大會'를 처음 개최했다. 대한청년단은 해방 이후 이북에서 넘어온 청년들이 반 공산당反 共産黨의 기치를 내세우며 만든 관변단체다. 반공 웅변대회는 남한에 반공이데올로기를 전파하고 학습하는 데 주요한 역할을 했다.

1950년 북한의 남침으로 일어난 6.25 전쟁 이후 반공이데올로기는 남한에서 더욱 강력한 사상이 되었다. 어렸을 때부터 반드시 뼈에 새겨야 하는 주요 이념이었으며 반공 웅변대회는 각급 학교의 6월 연례행사가 되었다. 해방 이후 남쪽과 북쪽이 각각 독립 정부를 세우면서 당연히 반대 이념을 강화해야 하는 시대상의 반영이었다.

그림 7. '1·21 사태' 교전장소, 동아일보 1968년 1월 22일
그림 8. 교전장소의 현재 모습, 2023

1968년, 어느 때보다 반공 이슈를 강하게 만든 사건이 일어났다.

1월 21일 밤 10시쯤 청와대 인근에서 요란한 총성과 폭발음이 이어졌다. 휴전선을 넘어서 육상으로 침투한 북한의 무장 공비들이 단 3일 만에 서울 중심부까지 도착한 것이다. 소위 '1·21 사태'다.

북한 특수부대 출신인 이들은 청와대 인근에서 검문하던 당시 최규식 종로서장과 정종수 경사에게 총격을 가해 숨지게 하고, 세검정 정류장에서 종로로 향하던 원효 여객과 진흥 여객 소속 시내버스 4대에 수류탄을 던졌다. 승객 세 명이 사망하고 두 명이 다쳤다. 사망자 중에는 청운중학교 3학년 김형기 군도 있었다. 경복고 후문 앞에서 총격전을 하고 교문을 넘어 교내로 들어간 일당은 총소리에 놀라 달려 온 경복고 수위 정사영 씨(당시 45세)를 사살하고 인왕산 쪽으로 도주했다.

군인과 경찰의 대규모 소탕전이 벌어졌다. 공식적으로는 총 31명 중 사살(자폭 포함) 29명, 생포 1명, 그리고 1명은 월북으로 발표됐다. 생포된 1명이 김신조(당시 27세)로 대한민국에서 목사가 되어 새로운 삶을 살고 있다. 당시 피투성이 옷 그대로 포승줄에 묶인 채 진행된 기자회견에서 "박정희 모가지 떼러 왔습니다"라고 말하는 장면이 TV로 생중계되기도 했다.

그의 증언으로 남파된 총인원 및 침투 경로와 목적이 밝혀졌다. 북악산 자락은 칠궁 옆 담장을 끼고 완만해지면서 청와대와 경복궁으로 이어진다. 낮은 칠궁 담장만 넘으면 바로 청와대로 진입할 수 있었기 때문에 김신조 일당이 이 경로를 선택했던 이유다.

1·21 사태는 서울 한복판 청와대 인근까지 무장세력들이 들어와 안보에 구멍이 뚫렸다는 점에서 남한 사회에 여러 변화를 가져오게 했다.

첫째는 반공·윤리가 각급 학교의 중요 과목으로 자리매김했다. 1968년 2월 13일 자 동아일보는 '대학입시에 반공 과목, 문교부 시달 매주 한 시간 교육도'라는 제목으로 '문교부는 이제까지의 반공교육을 보강, 대학입시에 반공 과목을 늘리는 등 반공교육 강화책을 수립하기로 했다'라고 보도했다. 반공이데올로기가 정치적 이념을 넘어서 실제 교육 입시에 반영되고, 교육 현장에서는 조회 시간을 통한 반공 교육이 강화됐다. 교사들도 반공교육을 필수로 들어야만 했다.

둘째는 서울 외곽 및 청와대 인근 산행이 금지됐다. 1968

년 3월 7일 자 조선일보는 '서울시경은 오는 9일부터 서울 근교, 도봉, 북한, 비봉, 북악, 수락, 불암 등 9개 산악 18개 지점을 입산 금지 구역으로 정하고, 민간인의 출입을 엄격히 통제키로 했다'라고 전했다.

서울 외곽의 입산 금지는 이후 자연스럽게 해제되었으나 북악산과 인왕산은 노무현 정부가 들어선 2006년에야 일부 지역이 해제됐다. 2018년에는 인왕산 전체가 해제됐고, 2022년에 청와대 대통령 집무실이 용산으로 이전하면서 북악산 전체도 해제됐다.

셋째는 예비군 창설이다. 1968년 4월 1일부로 향토예비군이 창설돼 제대한 군인들도 유사시에 동원할 수 있도록 했다. 예비군 제도는 현재도 존속되고 있어 제대한 이후에도 일정 기간 훈련과 의무 교육을 받아야 한다.

넷째는 주민등록증 발급이다. 전국의 국민에게 일련번호를 매긴 주민등록증은 1968년 11월 21일에 처음 발급됐다.

'주민등록법 시행규칙에 의거해서 박정희 대통령은 110101-100001번이다. 이는 서울(11) 종로구(01) 자하동(01)에 거주하는 남자(1)로서 제일 먼저 등록한 사람(00001)이라는 뜻이다. 육영수 여사는 110101-200002로 되어있다.'(1968년 11월 21일, 경향신문)

1·21 사태가 대한민국의 교육, 문화 등에 끼친 변화 중

그림 9. 최규식 총경 동상, 2023

그림 10. 청운중 교내의 고 김형기 기념비, 2023
그림 11. 경복고 교내의 고 정사영 기념비, 2023

일부는 사라졌으나 일부는 50년도 지난 지금까지 유지될 정도로 그 여파는 컸다.

지금도 1·21 사태의 흔적은 곳곳에 남아 있다. 청운중학교 위쪽 맞은 편에 최규식 경무관과 정종수 경사의 동상이 있고, 조금 내려와 청운실버센터 앞에는 '북한 무장공비 침투 저지한 곳'이라는 표지석이 있다. 실제로 총격전이 벌어진 정확한 지점이 이곳이라는 뜻이다. 정말 청와대 바로 옆이다.

경복고 교내로 들어오면 순직한 정사영 직원의 기념비가 있고, 청운중 교내에는 김형기 기념비가 있다. 또한 북악산 둘레길에는 총알 박힌 소나무가 여전히 남아 있어 산책객들이 교전 당시의 상황을 직접 눈으로 확인할 수도 있다.

지금은 많은 시민이 이용하고 있는 '인왕산 초소책방' 카페도 흔적 중 하나다. 이곳은 1·21 사태 이후 청와대 경호 목적으로 지어진 경찰초소였다. 카페 설명도 '인왕산 초소책방(구. 인왕CP)'이다. 2018년 인왕산이 전면 개방되면서 서울시와 종로구가 리모델링, 복합문화공간으로 만들었다. 2층에 전망 데크도 있어 차 한 잔 마시면서 서울 시내 전경을 볼 수 있다.

경복고를 시작으로 청운실버센터-청운중-최규식 동상

을 지나 건너편으로 서울시가 조성한 '진경산수화길'을 따라가며 정선이 느꼈던 수송 계곡의 아름다움을 만끽하다가 인왕산 초소책방에서 차를 마시는 '1·21 코스'도 다녀봄 직하다.

현재 반공 웅변대회의 흔적을 찾기는 어렵다. 10·26 사태로 박정희 정권이 몰락하고 이후 전두환, 노태우 정권을 지나 문민정부인 김영삼 정부가 들어서면서부터 정권 유지 도구 역할을 했던 반공이데올로기의 필요성이 약해진 이유가 아닐까 한다.

어린 시절 후덥지근한 흙먼지 바람과 함께 했던 반공 웅변대회를 더욱 열띠게 만들었던 역사적 사건의 장소가 바로 이곳 자하문 앞이었음을 다시 한번 생각하게 한다.

서촌은 북악산· 인왕산의 웅장함과 아름다움, 그곳에 살았던 선조들의 격조 높은 삶, 그리고 격동의 시절을 모두 품고 있는 곳이다. 그곳에는 역사와 문화가 어우러져 있다.

맺음말

미술을 접목하는 지리 교사

'지리 교사가 미술을 한다.'

이 말이 낯설었는데 이제는 제법 익숙해졌다.

나는 2013년부터 미술을 지리에 접목해서 수업을 진행했다. 어느덧 10년이 지났다. 요즘은 이런 수업을 '융합 수업'이라고 한다. 그러나 융합이라는 거창한 말보다는 학생들에게 동기부여를 하고 실생활에 유용한 지리 수업을 하고자 했던 고육지책이라고 봐야 할 것이다. 시대에 따라 바뀌는 교육과정과 입시정책으로 힘들어하는 학생들에게 조금이라도 도움이 되는 교사가 되고자 했다. '입학사정관'과 '자기소개서'라는, 처음 들어보는 제도에 맞춰서 지리 교과 시간에 다양한 활동을 한 학생들에게 한 줄이라도 더 적게

하고 싶었다.

미술 교과는 지리와 연관성이 매우 많은 분야다. 미술작품에는 반드시 어떤 장소에 대한 이미지가 들어가게 된다. 그 장소에는 위치는 물론 자연환경과 사람들이 사는 이야기가 있기 마련이다. 또한 과거와 현재의 이야기도 담고 있다. 그리고 미술작품이 전시되는 박물관이나 미술관의 위치는 지리에서 기본 핵심 개념이 된다.

대학입시 중요도에서 탐구 교과인 지리가 밀려나면서 학생들에게 긍정적인 수업을 진행하기가 많이 어려워졌다. 학생들이 지리를 단순 암기과목으로 취급하며 멀리하는 것을 안타까워하던 어느 날, 학생들이 미술 시간에 '명화 따라 그리기'를 한 그림들이 복도에 전시되어 있었다. '이 그림들을 수업에 활용해야겠다'라며 시작한 것이 이 책의 출발점이었다.

처음에는 학생들이 선호하는 고흐, 세잔, 피카소 등등 외국 유명 화가의 그림을 놓고 '그림으로 보는 지리 개념 찾기' 수업을 시작했다. 경복고로 전근한 뒤에는 학교가 겸재 정선의 집터임을 아는 학생들이 정선 작품을 선택하면서 한국화도 대상이 됐다. 자연스럽게 학생들과 서촌에 대한 영재수업 및 자율 동아리 활동을 하며 지역연구에 대한 뜻도 펼치게 됐다.

많이 알려져 있듯이 경복고 자리는 진경산수화의 대가 정선이 태어나고 자란 곳이다. 그래서 이 책의 출발이 경복고였고, 정선의 그림을 바탕으로 서촌의 과거와 현재의 이야기를 찾는 여정을 담고자 했다.

수령 600년이 넘은 느티나무를 보면서 '정선도 이 느티나무 아래에서 사계절을 느꼈을 것'이라는 상상으로 이야기를 시작했다. 이곳에서 보고 겪은 것들을 그림에 담지 않고는 못 견뎠을 정선의 예술혼을 느티나무도 함께 했을 것이다. 친구들과 함께 지냈던 흥취를 표현한 「괴단 야화도」의 괴목이 이 느티나무라고 상상하는 것도 재미있었다.

'운강 조원'의 집터도 이 근처였다. 경복고 교정 내에 수줍게 앉아있는 '운강대' 표지석과 '효자유지비'에는 임진왜란 당시 조원과 효심 많은 두 아들의 이야기가 숨어있다. 그리고 세상 사람들에게 배척당했던 조원의 애첩 '이옥봉'에 대한 이야기도 재조명하고 싶었다.

길 건너에는 정선의 외할아버지 '박자진'의 집이 있었다. 정선은 물질적, 정신적 후원자였던 외할아버지에 대한 그리움을 「풍계유택」으로 그려냈다. 외할아버지에 대한 애정을 듬뿍 담아 그린 이 그림에서 정선의 마음을 느껴보는 계기가 되길 바란다.

「청풍계」는 너무 유명한 정선의 그림이다. 정선은 다양한 시기, 다양한 크기, 다양한 시점과 장면으로 '청풍계'를 담아냈다. 정선이 그린 청풍계의 모든 그림을 한 자리에서 볼 수 있는 기회가 있기를 기대해 본다.

경복고 북쪽 담장에 맞대어서 서쪽으로는 경기상고, 동쪽으로는 청운중이 자리하고 있다. 이곳은 정선이 그린 「청송당」의 배경이다. 북악산에서 발원한 작고 깊은 계곡에 성수침이 지은 '청송당'이 있었다. 기묘사화 이후 세상을 등진 성수침이 자연을 벗 삼아 학문에 전력하던 곳이다. 이곳에 미래의 주역인 학생을 길러내는 교육기관이 자리한 것은 성수침의 뜻과 크게 다르지 않다.

'무속헌'의 주인인 김상헌의 후손은 북악산 남쪽 산 중턱에 '독락정'을 지었다. 홀로 조용히 자연 속에서 즐거움을 맛보기 위해서인가, 아니면 모든 것을 가진 자의 호기로움인가.

청와대가 개방된 이후 북악산을 오르며 독락정의 위치가 어디쯤이었을까 생각하다가 문득 뒤를 돌아보면 서울이 한눈에 보인다. 정선도 아마 이곳에서 한양 도성을 내려다보며 「독락정」을 그렸을 것이다. 문득 그의 체취를 느끼는 것 같다. 이곳은 '대은암'에 속한 곳이기도 하다. '숨어있는 큰 바위'는 세상을 등지고 조용히 살고자 했던 사람들의 마음을 대변하는 존재다.

「서원조망도」와 「옥동척강」은 조선 시대 양반들은 어떻게 문화적 사치를 누렸나를 생각하게 하는 그림이다. 날씨의 변화를 피부로 느끼며 친구의 누각에서 시를 짓다가 흥에 겨워서 산책을 하고 즐겁게 소요하던 장면을 그림으로 남겼다. 각자의 재능에 맞게 놀던 그들의 문화적 소양이 그지없이 부러울 따름이다.

사대부들이 독점하던 문화가 중인계급에게도 전파된 근거가 중인출신 '천수경'의 '송석원'이다. 양반 중심의 문화가 18세기에 중인계급으로 확장되고, 현재에 세계적인 한국문화로 변화 발전하는 과정을 살펴보는 계기가 된다.

힘들고 지칠 때 한 번쯤은 자연으로 들어가서 세상의 묻은 때를 벗겨내고 싶을 때가 있다. '세심대'는 바로 그런 사람들을 위한 장소였나 보다. 그곳이 현재의 '국립맹학교'와 '농학교'로 변하는 과정을 살펴보는 것도 매우 흥미롭다.

백운동천의 아름다운 자연풍광을 가졌던 '백운장'이 혼란의 시기에 어떻게 사용되고 변화되었는지 살펴보고, 근대 독립운동에 대한 역사를 재인식하는 장소로 거듭나기를 기대한다.

조선 초기부터 권력의 정점에 있는 인물들이 살았던 자

하동이 현대 정치사에 중요한 획을 그었던 '1·21 사태'가 일어난 장소였음도 살펴봤다.

6년의 세월 동안 주변을 살피면서 지역탐사를 했던 이야기는 이렇게 끝을 맺는다. 경복고에서 출발한 여정이 한 바퀴 돌아 경복고에서 끝났다. 뜻하지 않게 수미쌍관이 됐다.

처음 미술과 접목한 수업을 준비하면서 수업 방향과 철학에 대한 어려움을 호소할 때마다 항상 웃음으로 조언해주신 공주대학교 임은진 교수님께 감사드린다.

언제나 막내딸의 안녕을 기원해주시고 어리광을 받아 주시던 어머니께 진심으로 감사를 드린다. '風樹之嘆(풍수지탄)'이라는 말처럼 이제야 효성이 생기려고 하는데 지난여름을 넘기지 못하고 아버지 곁으로 가신 어머니. 훌륭히 잘 키워줘서 고맙습니다.

별 탈 없이 자기 할 일을 찾아서 잘해주는 아들 경현과 덕현. 정말 사랑하고 고맙다. 애교도 없고 현명함도 부족한 여자를 아내로 맞아 많은 부분 덮고 지나가는 영원한 내 편 김철범 님께 감사드린다.

컴퓨터를 너무 잘하시는 짝꿍 정주희 선생님의 도움이 없었다면 책이 나오지 못했을 것이다. 필요할 때마다 적절한 도움을 주신 정 선생님께 감사한다.

부족한 글을 세상에 내보일 수 있게 도와주신 손장환 대표님께도 감사 인사를 전한다.

서촌

겸재와 함께하는 지리 이야기

초판 1쇄 인쇄 2023년 11월 28일
초판 1쇄 발행 2023년 12월 5일

지은이 나평순
펴낸이 손장환
디자인 윤여웅
펴낸 곳 LiSa

등록 2019년 3월7일 제 2019-000070호
주소 서울시 마포구 독막로 20나길 22, 103-802 우편번호 04076
전화 010-3747-5417
이메일 mylisapub@gmail.com

ISBN 979-11-966542-6-9 03980